Martin Bernhard

MATHEMATIK

Beispielsammlung

Funktionen, Kurven und Anwendungen

164 durchgerechnete Beispiele

mit Hinweisen zum Lehrstoff

und ausführlichen Lösungen

Einleitung

Dieses Buch enthält zusätzliches Übungsmaterial zu Funktionen und Anwendungen. Es kann bei der Vorbereitung auf **Schularbeiten** und **Prüfungen** sowie bei der Bewältigung der **Hausübungen** helfen. Es soll die Lernarbeit unterstützen und auf Fragen zum Lehrstoff Antwort geben.

Neben den Aufgabenstellungen findet man in der **Randspalte** wertvolle **Hinweise zum Lehrstoff**. Es handelt sich dabei um Begriffserklärungen, Lehrsätze, Gesetze, Formeln und allgemeine Lösungsanleitungen. Sie stellen das **mathematische Rüstzeug** dar, welches zur Lösung der Aufgaben benötigt wird. Auch zur Vorbereitung auf mündliche Prüfungen werden diese Hinweise hilfreich sein, weil sie befähigen, Fragen zu beantworten, die im Zusammenhang mit den Aufgabenlösungen häufig gestellt werden.

Das Buch enthält **164** vollständig **durchgerechnete Beispiele**, welche sich in der Unterrichtspraxis bewährt haben. Die Rechengänge sind genau erklärt. Viele Beispiele enthalten zur Veranschaulichung Skizzen bzw. Grafiken, welche zum Teil mit dem **Grafikprogramm GeoGebra** erstellt wurden. Wo dies nötig ist, wurde die **Randspalte für weitere Hinweise** zur Lösung der Aufgaben verwendet. Dort kann man auch selbst Notizen machen.

Die durchgerechneten Lösungen dienen hauptsächlich der **Kontrolle der Arbeit**. Das ist so gemeint:

- Versuche zunächst, die **Aufgabe selbst** - also ohne Blick in den Lösungsteil - zu **bewältigen**. Vergleiche dann mit der ausführlichen Lösung im Buch. Achte dabei nicht nur auf Fehler, sondern auch auf eine zielgerichtete, zum Teil kommentierte und übersichtliche Darstellung der Rechengänge.

- Sollte die **Lösung** einer Aufgabe **nicht gelungen** sein, dann **verwende die durchgerechnete Lösung, um daraus zu lernen**. Gehe die Lösung Schritt für Schritt durch und versuche, den Rechengang zu verstehen. Bearbeite das selbe oder ein ähnliches Beispiel einige Zeit später nochmals.

Lernen ist **geistige Arbeit** mit dem Ziel, sich Wissen, Kenntnisse und Fertigkeiten dauerhaft anzueignen. Dieses Ziel wird schneller erreicht, wenn man mit **Interesse und positiver Einstellung** an die Arbeit geht. **Mathematik zu verstehen** ist sehr wichtig, aber das allein genügt nicht. Um Erfolg zu haben, hilft nur **häufiges Üben und Wiederholen** des Lehrstoffs. Man muss **Mathematik „betreiben"**, will man sich das zum Teil umfangreiche Formel- und Regelwerk sowie die zur Lösung der gestellten Aufgaben erforderlichen Rechenschritte merken. Einige Tage vor einer schriftlichen oder mündlichen Prüfung sollte man den **Lehrstoff** nur mehr durch gezielte Wiederholungen **festigen**.

Viel Freude beim Lernen und den erhofften Erfolg wünscht der Autor dieses Buches.

2., überarbeitete Auflage 2023

© Copyright by Mag. Martin BERNHARD

Alle Rechte vorbehalten. Jede Art der Vervielfältigung, auch die des auszugsweisen Nachdrucks, der fotomechanischen Wiedergabe sowie der Einspeicherung und Verarbeitung in elektronische Systeme, ist gesetzlich verboten. Kein Teil des Werks darf reproduziert, verarbeitet, vervielfältigt oder verbreitet werden.

ISBN: 9781796454659

Inhaltsverzeichnis

1. **Funktionsbegriff, Darstellungsformen von Funktionen**
   - Definition einer Funktion 5
   - Wertetabelle und graphische Darstellung von Funktionen 6
   - Termdarstellung von Funktionen - Formeln 7
   - Lösungen 30

2. **Eigenschaften reeller Funktionen**
   - Monotonie, Beschränktheit und Krümmungsverhalten 8
   - Nullstellen, Extremstellen und Wendestellen 9
   - Symmetrieverhalten 9
   - Periodizität 9
   - Lösungen 35

3. **Lineare, nicht lineare und quadratische Funktionen**
   - Lineare Funktion 10
   - Stückweise lineare Funktionen 10
   - Nicht lineare Funktionen 10
   - Quadratische Funktion 11
   - Graphisches Lösen von Gleichungen mit einer Variablen 11
   - Lösungen 36

4. **Potenz- und Wurzelfunktionen**
   - Rechnen mit Potenzen und Wurzeln 12
   - Potenz- und Wurzelfunktionen 14
   - Wurzelgleichungen 14
   - Lösungen 43

5. **Polynomfunktionen** ....
   - Rechnen mit Polynomen 15
   - Begriff der Polynomfunktion 15
   - Nullstellen, Extremstellen und Wendestellen von Polynomfunktionen 15
   - Lösungen 51

6. **Exponential- und Logarithmusfunktionen**
   - Exponentialfunktion 17
   - Logarithmus und Logarithmusfunktion 18
   - Exponentialgleichungen und logarithmische Gleichungen 19
   - Anwendungsaufgaben 20
   - Lösungen 56

7 Winkelfunktionen – Trigonometrie

- Winkelfunktionen – Winkelmaße 21
- Goniometrische Gleichungen 22
- Auflösung rechtwinkeliger Dreiecke 22
- Anwendungsaufgaben 23
- Auflösung schiefwinkeliger Dreiecke 23
- Vermessungsaufgaben 24

Lösungen 71

8 Grenzwert und Stetigkeit reeller Funktionen

- Stetige und unstetige Funktionen 26
- Grenzwerte und asymptotisches Verhalten von Funktionen 26
- Verhalten von Funktionen an Definitionslücken 27

Lösungen 91

9 Kurvenuntersuchungen mittels Differentialrechnung

- Diskussion von Polynomfunktionen 3. Grades 28
- Umkehraufgaben (Steckbriefaufgaben) 28
- Anwendungsaufgaben (Modellierung) 29

Lösungen 97

Überblick über die wichtigsten Funktionen 109

1 Funktionsbegriff, Darstellungsformen von Funktionen

Definition einer Funktion

1.01 Überprüfe, ob die in den Pfeildiagrammen dargestellten Zuordnungen Funktionen sein können und gib eine Begründung.

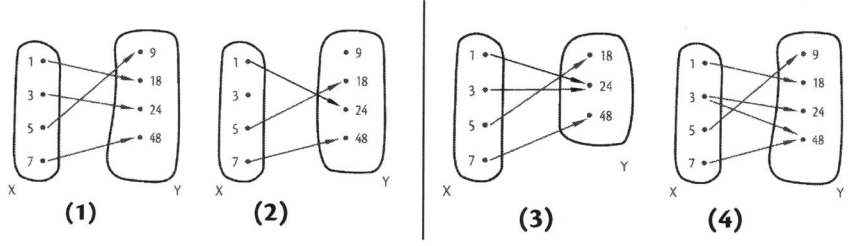

1.02 Funktionen lassen sich durch Kurven beschreiben. Überprüfe, ob durch folgenden Kurven Funktionen dargestellt werden.

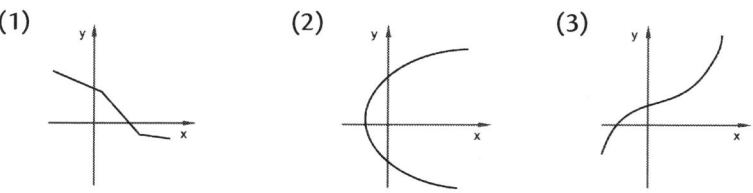

1.03 a) Ermittle die Definitionsmenge und die Wertemenge folgender Funktion.
b) Wie groß sind die Funktionswerte an den Stellen 0 und 2?
c) An welcher Stelle nimmt die Funktion den Wert 6 an?

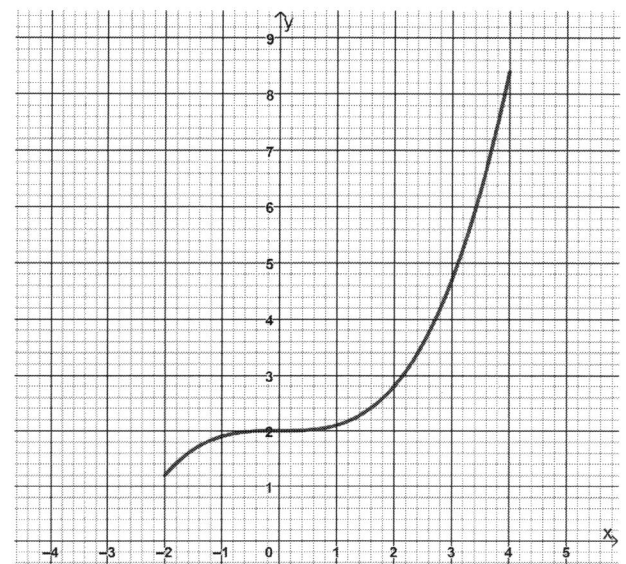

Eine **Zuordnung f**, die *jedem x genau ein y* zuweist, heißt **Funktion** oder Abbildung.
$f : X \to Y, y = f(x)$
X...Quelle, Urmenge, Urbild

Y...Ziel, Zielmenge, Bildmenge

x...Urelement, Argument, Stelle
 = unabhängig
   veränderliche Größe.

y...Bildelement, Funktionswert
 = abhängig
   veränderliche Größe.

Definitionsmenge $D_f \subseteq X$
= Menge aller *erlaubten* Argumente.

Wertemenge $W_f \subseteq Y$
= Menge *aller* Funktionswerte.

Ergibt die Umkehrung einer Funktion f wieder eine Funktion f^*, so nennt man f eine **umkehrbare Funktion**.

Wertetabelle und graphische Darstellung von Funktionen

1.04 Der Temperaturverlauf eines Wintertages wird durch folgende Zahlenpaare veranschaulicht: $\{(6,-5),(9,-2),(12,0),(15,1),(18,-1),(21,-4)\}$.
a) Deute die Zahlenpaare im Kontext.
b) Stelle die Zahlenpaare sowohl als zweispaltige als auch als zweizeilige Wertetabelle dar.
c) Ermittle den zugehörigen Punktgraph.

1.05 Gegeben ist die graphische Darstellung einer Funktion. Fülle die Lücken in der zugehörigen Wertetabelle aus.

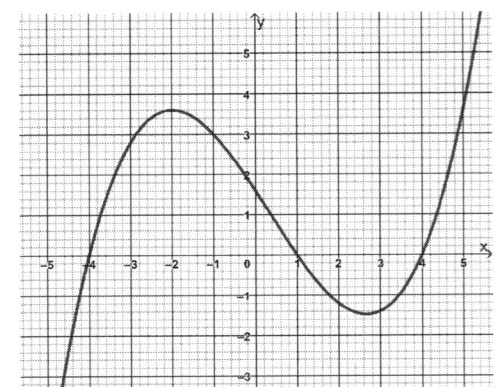

$f:$

x	y
-4	
	3,6
0	
	0
3	
4	
	3,6

*Im Beispiel 1.01 wurden Funktionen mittels eines **Pfeildiagramms** veranschaulicht.*

*In einer **Wertetabelle** werden einander zugeordneten Elemente durch **Zahlenpaare** angegeben. Die erste Komponente stammt aus D_f, die zweite aus W_f.*

*Jedes Zahlenpaar $(x, f(x))$ kann als **Punkt im Koordinatensystem** aufgefasst werden. Der **Graph** der Funktion f entspricht dann einer Punktmenge in diesem Koordinatensystem.*

*Ein **Punktgraph** besteht aus voneinander getrennten Punkten, eine **Kurve** aus einer lückenlosen Aneinanderreihung von Punkten.*

1.06 Die Wege (gemessen in Meter), die eine Kugel beim Abrollen auf einer schiefen Ebene im Zeitintervall (gemessen in Sekunden) $[1;5]$ zurücklegt, sind in folgender Tabelle zusammengestellt.

t	0	1	2	3	4	5
s	0	0,5	2	4,5	8	12,5

a) Stelle den Zusammenhang zwischen Zeit und Weg graphisch dar.
b) Wie kann man diesen Zusammenhang sprachlich ausdrücken?

1.07 Das folgende Diagramm zeigt die Geschwindigkeit v(t) eines Fahrzeuges in Abhängigkeit von der Zeit t.
a) Welche Bewegungen führt das Fahrzeug aus?
b) Die Fläche unter dem Graphen entspricht der zurückgelegten Wegstrecke. Wie groß ist sie?

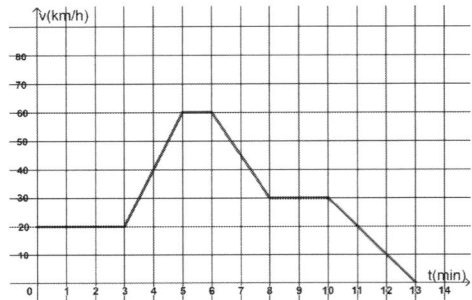

Termdarstellung von Funktionen - Formeln

1.08 Berechne für die ganzzahligen Argumente die zugehörigen Funktionswerte und zeichne den Graphen. Erstelle eine Wertetabelle und gib die Wertemenge der Funktion an.

(a) $[-2;3] \to \mathbb{R}$, $y = -\dfrac{x}{2} + 2$

(b) $\{x \in \mathbb{Z} \mid x \leq 4\} \to \mathbb{Z}$, $y = 2x - 3$

1.09 Berechne für die ganzzahligen Argumente die zugehörigen Funktionswerte und zeichne den Graphen. Erstelle eine Wertetabelle und gib die Wertemenge der Funktion an.

(a) $\{x \in \mathbb{R} \mid -3 < x \leq 1\} \to \mathbb{R}$, $y = \dfrac{3}{2}x - 1$

(b) $[-1;3] \to \mathbb{R}$, $y = \text{int}(x+1)$

1.10 (a) Begründe, warum die Zuordnungsgleichung $y = \dfrac{2x}{3-2x}$ keine Funktion $\mathbb{R} \to \mathbb{R}$ darstellt. Ermittle sodann die größtmögliche Definitionsmenge in $\mathbb{R}$.

(b) Veranschauliche die Formel $V(r) = \dfrac{r^2 \pi h}{3}$ mittels eines Funktionsgraphen. Wozu dient diese Formel? Wähle eine geeignete Definitions- und Wertemenge.

1.11 (a) Begründe, warum die Zuordnungsgleichung $y = \dfrac{x}{2x-5}$ keine Funktion $\mathbb{R} \to \mathbb{R}$ darstellt. Ermittle sodann die größtmögliche Definitionsmenge in $\mathbb{R}$.

(b) Veranschauliche die Formel $M(h) = 2r\pi h$ mittels eines Funktionsgraphen. Wozu dient diese Formel? Wähle eine geeignete Definitions- und Wertemenge.

1.12 Stelle in der Formel $F = G\dfrac{M \cdot m}{r^2}$ jede Variable explizit dar.

1.13 Stelle in der Formel $p = \dfrac{N \cdot m \cdot c^2}{V}$ jede Variable explizit dar.

1.14 Stelle in der Formel $V = V_0(1 + \gamma t)$ jede Variable explizit dar.

1.15 Stelle in der Formel $Q = m \cdot c \cdot (T_2 - T_1)$ jede Variable explizit dar.

---

(1) Explizite Darstellungen:
- **Termzuordnung**
  $f : X \to Y, x \mapsto f(x)$
  Beispiel:
  $f : \mathbb{R} \to \mathbb{R}, x \mapsto 3x - 5$
- **Funktionsgleichung**
  $f : X \to Y, y = f(x)$
  Beispiel:
  $f : \mathbb{R} \to \mathbb{R}, y = 3x - 5$

(2) Implizite Darstellung:
$f : X \to Y, g(x,y) = 0$
Beispiel:
$f : \mathbb{R} \to \mathbb{R}, 3x - y - 5 = 0$

Formeln beschreiben einen **Zusammenhang zwischen** verschiedenen **Größen**.

Sie können als **in Gleichungsform festgelegte Funktionen** aufgefasst werden.

2 Eigenschaften reeller Funktionen

Eine **reelle Funktion** liegt dann vor, wenn die Definitionsmenge und die Wertemenge Teilmengen von $\mathbb{R}$ oder $\mathbb{R}$ selbst sind.

Eine reelle Funktion ist **monoton wachsend**, wenn mit zunehmenden Argumenten x der Funktionswert f(x) zunimmt.
$$x_2 > x_1 \Rightarrow f(x_2) \geq f(x_1)$$

Eine reelle Funktion ist **monoton fallend**, wenn mit zunehmenden Argumenten x der Funktionswert f(x) abnimmt.
$$x_2 > x_1 \Rightarrow f(x_2) \leq f(x_1)$$

Eine reelle Funktion ist **nach oben beschränkt**, wenn gilt:
$$f(x) \leq s \text{ für alle } x \in D_f$$
s heißt **obere Schranke**.

Eine reelle Funktion ist **nach unten beschränkt**, wenn gilt:
$$f(x) \geq t \text{ für alle } x \in D_f$$
t heißt **untere Schranke**.

Eine reelle Funktion heißt **beschränkt**, wenn sie nach oben und unten beschränkt ist.

Die **Krümmung** beschreibt den Verlauf einer Kurve. Es gibt **zwei Arten** der Krümmung.

Linkskurven sind *positiv* gekrümmt.

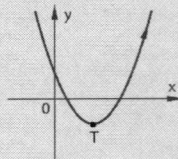

Rechtskurven sind *negativ* gekrümmt.

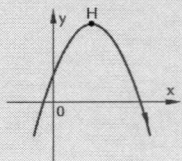

Monotonie, Beschränktheit und Krümmungsverhalten

2.01 Untersuche (1) die Monotonie, (2) die Beschränktheit und (3) das Krümmungsverhalten folgender Funktionen:

a)
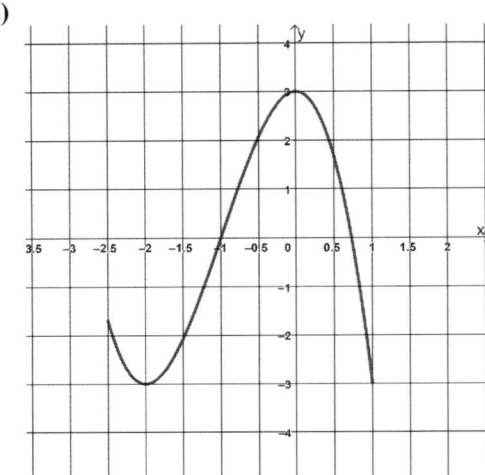

b)
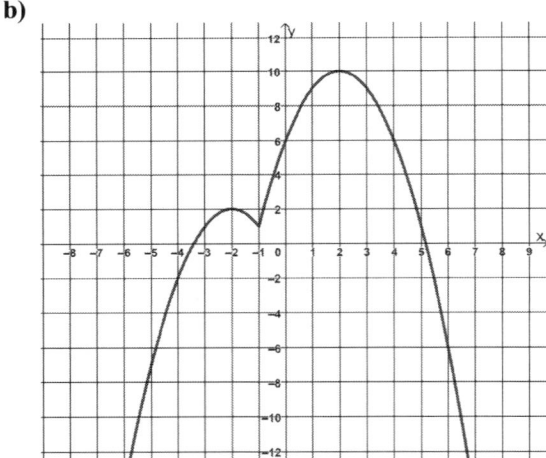

c)
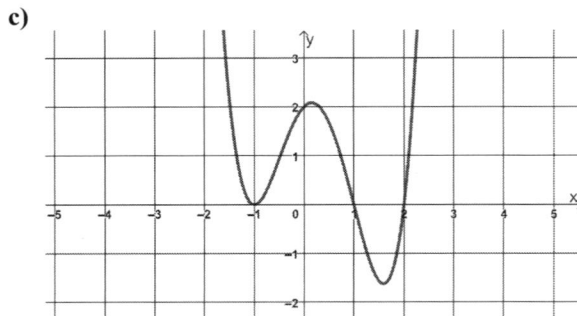

Nullstellen, Extremstellen und Wendestellen

2.02 a) Wo hat folgende Funktion ihre Nullstellen?
b) In welchen Intervallen besitzt die Funktion Extremstellen?
c) In welchem Intervall kann man einen Wendepunkt vermuten?

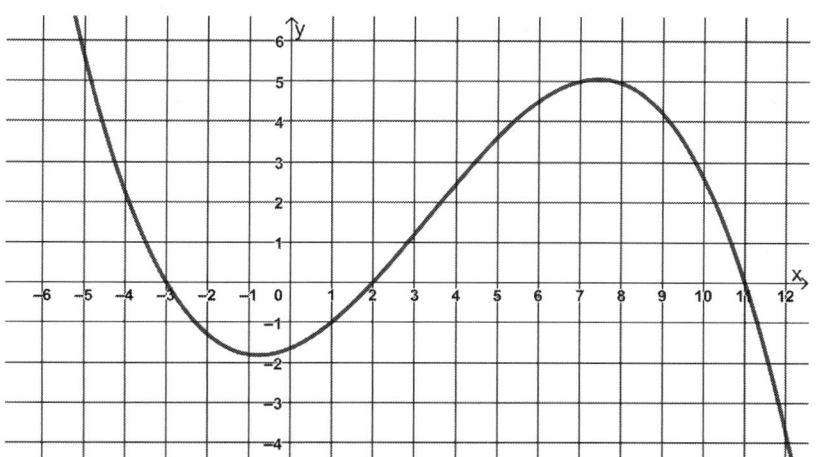

Die Schnittpunkte eines Funktionsgraphen mit der x – Achse heißen **Nullstellen**.
An diesen Stellen ist $f(x) = 0$.

Hochpunkte und **Tiefpunkte** sind **lokale Extremstellen**. In einer gewissen Umgebung dieser Stellen sind die Funktionswerte kleiner bzw größer. An diesen Stellen ändert sich die Art der Monotonie.

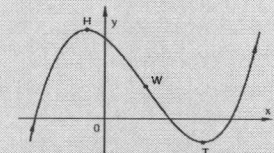

Eine Stelle heißt **Wendestelle**, wenn sich dort der **Krümmungssinn** ändert. An der Stelle selbst ist die Krümmung = 0. Der zugehörige Punkt auf der Kurve heißt **Wendepunkt**.

Symmetrieverhalten

2.03 Zeige, dass die Funktion $f: \mathbb{R} \to \mathbb{R}, y = 0,5x^4 - 3x^2 - 5$ symmetrisch zur y – Achse liegt.

2.04 Zeige, dass die Funktion $f: \mathbb{R} \to \mathbb{R}, y = 0,5x^3 - 5x$ symmetrisch zum Ursprung liegt.

Eine Funktion f ist **symmetrisch zur y – Achse**, wenn gilt: $f(-x) = f(x)$.

Eine Funktion f ist **symmetrisch zum Ursprung**, wenn gilt: $f(-x) = -f(x)$.

Periodizität

2.05 Ermittle die (kleinste) Periode p folgender Funktionen:
a)

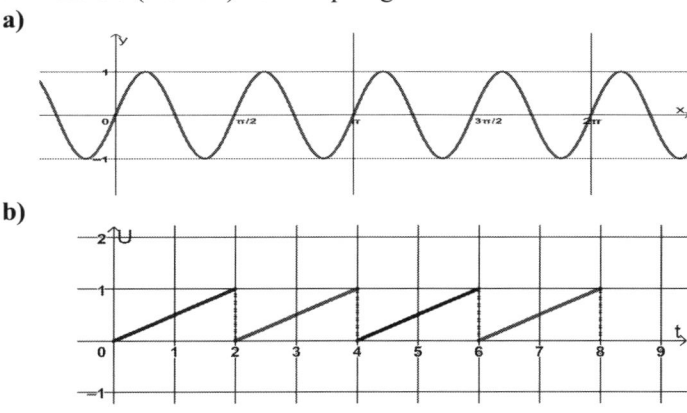

b)

Eine Funktion heißt **periodisch mit der Periode p**, wenn gilt: $f(x + p) = f(x)$.

Sinusschwingung

Kippschwingung, Sägezahnkurve.

2.06 Die Cosinusfunktion $y = \cos x$ hat die Periode 2π.
Welche Periode besitzt die Funktion $y = \cos\left(\frac{x}{3}\right)$?

3 Lineare, nicht lineare und quadratische Funktionen

Lineare Funktion

Lineare Funktion:
$y = kx + d; \quad k, d \in \mathbb{R}$
k ... Steigung, Anstieg
d ... Abschnitt auf der y-Achse

Der Graph einer linearen Funktion ist eine **Gerade**.

3.01 Zeichne den Graphen von $y = -\dfrac{2}{3}x + 4$ (1) aus zwei Punkten, (2) durch Deuten von k und d!

3.02 Zeichne den Graphen von $y = \dfrac{3}{4}x - 2$ (1) aus zwei Punkten, (2) durch Deuten von k und d!

3.03 Von einer Geraden kennt man zwei Punkte A(−1/5) und B(3/−3). Ermittle die Funktionsgleichung (1) durch Ablesen von k und d aus der Zeichnung, (2) durch Berechnen mit Hilfe des unbestimmten Ansatzes.

3.04 Von einer Geraden kennt man zwei Punkte A(−2/−3) und B(4/0). Ermittle die Funktionsgleichung (1) durch Ablesen von k und d aus der Zeichnung, (2) durch Berechnen mit Hilfe des unbestimmten Ansatzes.

3.05 Überprüfe (1) graphisch (2) rechnerisch, ob die Paare (x / y) die Annahme eines linearen Zusammenhangs zwischen den Größen x und y stützen oder widerlegen. A(−1/−7), B(2/2), C(3/5), D(6/9).

3.06 Überprüfe (1) graphisch (2) rechnerisch, ob die Paare (x / y) die Annahme eines linearen Zusammenhangs zwischen den Größen x und y stützen oder widerlegen. A(−2/7), B(0/5), C(3/−3), D(5/−7).

Betragsfunktion:
$| \ | : \begin{cases} y = -x, x < 0 \\ y = 0, x = 0 \\ y = x, x > 0 \end{cases}$

Signumfunktion:
$\text{sgn} : \begin{cases} y = -1, x < 0 \\ y = 0, x = 0 \\ y = 1, x > 0 \end{cases}$

Stückweise lineare Funktionen

3.07 Zeichne den Graphen der Funktion $y = |x+3| \cdot \text{sgn}\, x$ im Intervall [−5 ; 2].

3.08 Zeichne den Graphen der Funktion $y = |x-2| \cdot \text{sgn}\, x$ im Intervall [−3 ; 4].

<u>Beispiele</u> für **nicht lineare Funktionen:**
$y = \dfrac{c}{(x-a)^r} + d$
$c \neq 0; a, d \in \mathbb{R}; r \in \mathbb{N}^*$
Die Graphen sind *Hyperbeln*.

Nicht lineare Funktionen

3.09 Ein Deltoid hat die Diagonalen e und f und den Flächeninhalt $A = 18\,\text{cm}^2$. Berechne, wie sich f verändert, wenn bei konstantem A die Diagonale e im Intervall [2 ; 18] (cm) variiert. Gib die Funktionsgleichung, eine Wertetabelle und den Graphen an. Formuliere den Zusammenhang mit Worten.

3 Lineare, nicht lineare und quadratische Funktionen

3.10 Die kinetische Energie eines Körpers der Masse m und der Geschwindigkeit v berechnet sich nach der Formel $E_k = \dfrac{m \cdot v^2}{2}$. Beschreibe unter der Voraussetzung konstanter Masse m = 1kg, wie sich die kinetische Energie ändert, wenn die Geschwindigkeit v im Intervall [1 ; 6] (m/s) variiert. Lege eine Wertetabelle an, zeichne den Graphen und formuliere den Zusammenhang mit Worten.

3.11 Zeichne die Graphen folgender reeller Funktionen in eine Figur. Wie heißen die Graphen? Nenne ihre typischen Eigenschaften.

(a) $y = \dfrac{8}{x-2}$ in [−5 ; 8]   (b) $y = (x-3)^2$ in [−1 ; 7]

3.12 Zeichne die Graphen folgender reeller Funktionen in eine Figur. Wie heißen die Graphen? Nenne ihre typischen Eigenschaften.

(a) $y = x^2 - 3$ in [−4 ; 4]   (b) $y = \dfrac{5}{(x-1)^2}$ in [−5 ; 5]

Quadratische Funktion

Die **allgemeine quadratische Funktion** ist vom Typ
$y = ax^2 + bx + c$
$a \neq 0, b, c \in \mathbb{R}$
Die Graphen sind *Parabeln*.

3.13 Gegeben ist die Parabel $y = x^2 + 4x - 5$.
Ermittle (1) die Koordinaten ihres Scheitels, (2) die Nullstellen. (3) Zeichne ihren Graphen. (4) Beschreibe das Monotonieverhalten.

3.14 Ermittle (1) die Nullstellen der Funktion $y = x^2 - 6ax + 5a^2$ sowie (2) den Scheitel ihres Graphen. (3) Untersuche das Monotonieverhalten der Funktion.

Graphisches Lösen von Gleichungen mit einer Variablen

Beim **graphischen Lösen** werden die zugehörigen *Funktionsgraphen* zur Ermittlung einer *näherungsweisen* Lösung verwendet.

3.15 Ermittle die Lösungen der Gleichung $x^2 - 3 = 2x$ für $G = \mathbb{R}$ (1) rechnerisch (2) graphisch mit Umformen auf f(x) = 0.

3.16 Ermittle die Lösungen der Gleichung $6 - x^2 = x$ für $G = \mathbb{R}$ (1) rechnerisch (2) graphisch ohne Umformen.

3.17 Löse die quadratische Gleichung $2x^2 - 5x + 2 = 0$ für $G = \mathbb{R}$ (1) graphisch (2) rechnerisch.

3.18 Löse die quadratische Gleichung $-x^2 + 3x + 4 = 0$ für $G = \mathbb{R}$ (1) graphisch (2) rechnerisch.

3.19 Die Gleichung $0{,}2x^3 - 0{,}6x^2 + 0{,}8x - 3 = 0$ besitzt in $\mathbb{R}$ genau eine Lösung. Ermittle sie graphisch und führe die Kontrolle durch.

4 Potenz - und Wurzelfunktionen

Potenz $a^n = \underbrace{a \cdot a \cdot \ldots \cdot a}_{n \text{ Faktoren}}$

$a \in \mathbb{R}$ ... **Basis**

$n \in \mathbb{N}^*$ ... **Exponent**

$a^{-n} = \dfrac{1}{a^n}, \dfrac{1}{a^{-n}} = a^n$

für $a \in \mathbb{R} \setminus \{0\}, n \in \mathbb{N}^*$

$a^0 = 1$ für $a \in \mathbb{R} \setminus \{0\}$

Rechnen mit Potenzen und Wurzeln

4.01 a) Berechne: $\left(-\dfrac{1}{4}\right)^{-2} + (-2)^3 + \dfrac{(-2)^2}{4^{-1}}$

b) Vereinfache und stelle das Ergebnis mit positiven Hochzahlen dar:

(1) $\left(\dfrac{2x^{-2}y}{3ab^{-3}}\right)^{-3} : \left(\dfrac{3y^{-2}b^{-4}}{2xa^{-3}}\right)^2$
(2) $\dfrac{a^{-1} + b^{-1}}{a+b}$

4.02 a) Berechne: $\left(-\dfrac{1}{3}\right)^{-2} + (-2)^3 + \dfrac{(-3)^2}{2^{-1}}$

b) Vereinfache und stelle das Ergebnis mit positiven Hochzahlen dar:

(1) $\left(\dfrac{3ab^{-3}}{2x^{-2}y}\right)^3 : \left(\dfrac{2xa^{-3}}{3y^{-2}b^{-4}}\right)^{-2}$
(2) $(a^2 - b^2) \cdot (a-b)^{-2}$

4.03 a) Vereinfache: $\left[\left(-\dfrac{a}{3b^2}\right)^3 \cdot \left(\dfrac{2b^3}{a^2}\right)^3\right] : \left(-\dfrac{4b^3}{9a^2}\right)^2$

b) Vereinfache und stelle das Ergebnis mit positiven Hochzahlen dar:

$\left(\dfrac{xy^{-2}}{a^{-3}b^2}\right)^{-2} : \left(-\dfrac{a^{-1}x}{y^{-2}b^{-1}}\right)^5$

4.04 a) Vereinfache: $\left[\left(\dfrac{2a^4}{5x^3}\right)^2 : \left(-\dfrac{4a}{15x}\right)^2\right] \cdot \left(-\dfrac{2x^2}{a^3}\right)^3$

b) Vereinfache und stelle das Ergebnis mit positiven Hochzahlen dar:

$\left(\dfrac{x^2 y^{-3}}{a^{-1}b^4}\right)^{-2} \cdot \left(\dfrac{a^{-2}b^{-3}}{x^{-2}y^3}\right)^3$

---

n-te Wurzel:

$\sqrt[n]{a} = b \Leftrightarrow b^n = a$

$a \in \mathbb{R}_0^+$ ... **Radikand**

$b \in \mathbb{R}_0^+$ ... **Wurzel(wert)**

$n \in \mathbb{N}^*$ ... **Wurzelexponent**

$\sqrt[n]{a} = a^{\frac{1}{n}}$

$\sqrt[r]{a^s} = a^{\frac{s}{r}}$

4.05 Berechne

a) $\sqrt{\dfrac{a^3 x}{y^5}} : \sqrt[3]{\dfrac{ax^2}{y^4}}$
b) $\left(a^{-\frac{1}{3}} \cdot \sqrt[3]{a^{-4}}\right) : \sqrt[6]{a^2}$
c) $\sqrt{\sqrt[5]{36a^2}}$

4.06 Berechne:

a) $\sqrt{\dfrac{ab^2}{c^3}} \cdot \sqrt[3]{ac^4}$
b) $\left(\sqrt[3]{x^{-1}} : x^{\frac{4}{3}}\right) \cdot \sqrt[6]{x^4}$
c) $\sqrt[5]{x^2 \sqrt{x}}$

4 Potenz - und Wurzelfunktionen

4.07 a) Der unserer Erde nächste Fixstern (Proxima Centauri) befindet sich in einer Entfernung von 4,3 Lichtjahren. Drücke die Entfernung in km aus.

b) Berechne, wie viel Bytes eine 20 GB Festplatte speichern kann.

c) Eine Kugel aus Blei (Dichte $\rho = 11{,}3\,\text{kg}/\text{dm}^3$) hat eine Masse von 4,28 kg. Berechne ihren Radius.

1 Lichtjahr = Strecke, die das Licht in einem Jahr zurücklegt.

4.08 a) Nach der Urknalltheorie entstand das Universum vor ca 18 Milliarden Jahren. Drücke diese Zeitspanne in Sekunden aus.

b) Ein Wasserstoffatom hat eine Masse von $1{,}67 \cdot 10^{-24}\,\text{g}$. Wie viele Atome sind in 1 mg Wasserstoff enthalten?

c) Berechne die Masse der atmosphärischen Luft in einem Raum von 10,5 m Länge, 8,7 m Breite und 3,4 m Höhe, wenn die Dichte der Luft $0{,}001293\,\text{g}/\text{cm}^3$ beträgt.

4.09 a) Vereinfache durch partielles (= teilweises) Wurzelziehen:
$4 \cdot \sqrt[3]{81} + 2 \cdot \sqrt[3]{108} - \sqrt[3]{32}$

b) Befreie den Nenner von den Wurzeln und vereinfache: $\dfrac{5\sqrt{10}}{5\sqrt{2} - 3\sqrt{5}}$

c) Beseitige die Klammer und vereinfache: $\left(5 \cdot \sqrt[3]{4}\right)^2$

*Im Fall b) spricht man auch vom **Rationalmachen** des Nenners.*

4.10 a) Vereinfache durch partielles (= teilweises) Wurzelziehen:
$5\sqrt[3]{135} - \sqrt[3]{40} + 2 \cdot \sqrt[3]{256}$

b) Befreie den Nenner von den Wurzeln und vereinfache: $\dfrac{2\sqrt{6}}{5\sqrt{2} + 4\sqrt{3}}$

c) Beseitige die Klammer und vereinfache: $\left(3 \cdot \sqrt[3]{9}\right)^2$

4.11 a) Stelle mit rationalem Nenner dar: $\dfrac{5\sqrt{2} - 3\sqrt{5}}{2\sqrt{5} - 3\sqrt{2}}$

b) Berechne: $\left(x^{\frac{1}{2}} : \dfrac{1}{\sqrt[3]{x^2}} \right) \cdot \sqrt[6]{x^{-5}}$

c) Vereinfache durch partielles Wurzelziehen: $\sqrt[3]{250} - 2 \cdot \sqrt[3]{16}$

4.12 a) Stelle mit rationalem Nenner dar: $\dfrac{5\sqrt{3} + 2\sqrt{5}}{3\sqrt{5} + 2\sqrt{3}}$

b) Berechne: $\left(\dfrac{1}{\sqrt[3]{a^2}} : a^{-\frac{1}{2}} \right) \cdot \sqrt[6]{a^5}$

c) Vereinfache durch partielles Wurzelziehen: $2 \cdot \sqrt[3]{32} - \sqrt[3]{108}$

Potenz - und Wurzelfunktionen

Potenzfunktion:
$f : \mathbb{R} \to \mathbb{R} : y = x^r, r \in \mathbb{Z}^*$
$f : \mathbb{R} \setminus \{0\} \to \mathbb{R} : y = x^r, r \in \mathbb{Z}^-$

Wurzelfunktion:
$f : \mathbb{R}_0^+ \to \mathbb{R} : y = \sqrt[n]{x}, n \in \mathbb{N}^*$

4.13 Gegeben sind die Funktionen $f : y = \dfrac{1}{4}x^2$ und $g : y = 2\sqrt{x}$.

(1) Zeichne die Graphen in einem Koordinatensystem. (2) Lies aus der Zeichnung die x–Werte ab, die zum y–Wert 5 gehören. (3) Gib die Definitionsmenge und die Wertemenge beider Funktionen an. (4) Welche Punkte gehören beiden Funktionen an? (5) Beschreibe das Symmetrie- und Monotonieverhalten beider Funktionen.

4.14 Gegeben sind die Funktionen $f : y = -x^3$ und $g : y = -\dfrac{3}{x^2}$.

(1) Zeichne die Graphen in einem Koordinatensystem.
(2) Gib die Definitionsmenge und die Wertemenge beider Funktionen an.
(3) Nenne wichtige Eigenschaften (Asymptotisches Verhalten, Symmetrie- und Monotonieverhalten) beider Funktionen.

4.15 Wähle aus den Funktionen $f_1 : y = -x^2$, $f_2 : y = -x^3$, $f_3 : y = -x^{-2}$,
$f_4 : y = -x^{-3}$, $f_5 : y = \dfrac{1}{x^2}$, $f_6 : y = \dfrac{1}{x^3}$ jene aus, welche durch folgende Graphen repräsentiert werden. Begründe deine Antwort. Zeichne die Graphen der verbleibenden Funktionen.

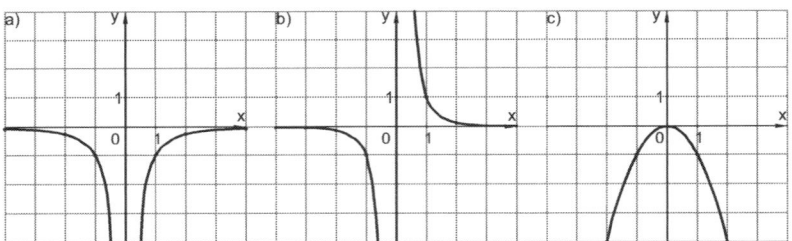

Wurzelgleichungen

4.16 Löse in $\mathbb{R}$: $\sqrt{2x+4} + \sqrt{4x+1} = 9$

4.17 Löse in $\mathbb{R}$: $\sqrt{2x+5} - \sqrt{x-6} = 3$

4.18 Löse in $\mathbb{R}$: $\sqrt{x+3} + \sqrt{x+10} = \sqrt{4x+25}$

4.19 Löse in $\mathbb{R}$: $\sqrt{4x+1} - \sqrt{x+3} = \sqrt{x-2}$

4.20 Löse in $\mathbb{R}$: $\sqrt{3-2x} + \sqrt{19-10x} = 4 \cdot \sqrt{2-x}$

4.21 Löse in $\mathbb{R}$: $\sqrt{5-2x} - \sqrt{29-10x} = 4 \cdot \sqrt{3-x}$

5 Polynomfunktionen

Rechnen mit Polynomen

5.01 a) Berechne: (1) $\left(4u^2 - 3v^3\right)^2$ (2) $\left(4a^3 - 3a^2b - 5ab^2 - b^3\right) \cdot \left(a^2 - 4ab - 2b^2\right)$

b) Zerlege in Faktoren: $24x^7y^5 - 33x^4y^8$

c) Kürze: $\dfrac{x^{n+1} - x^{n-1}}{x^n + x^{n-1}}$

d) Zerlege $a^4 - 16b^4$ in ein Produkt von Binomen.

5.02 a) Berechne: (1) $\left(3x^2 + 2y^3\right)^3$ (2) $\left(a^3 - a^2b + ab^2 - b^3\right) \cdot (a+b)$

b) Zerlege in Faktoren: $18u^{2n+1} + 36u^{2n}v^2$

c) Berechne $\left(a^4 - b^4\right) : (a+b)$ und mache die Probe für a = 2, b = 1.

5.03 Berechne und kontrolliere durch Multiplikation:

$\left(4x^5 - x^4 + 2x^3 - x^2 + 4x + 1\right) : \left(x^2 + x + 1\right)$

5.04 Berechne und kontrolliere durch Multiplikation:

$\left(x^5 - 3x^4y + 4x^3y^2 - 7x^2y^3 + 4xy^4 - 2y^5\right) : \left(x^2 + 2y^2\right)$

Begriff der Polynomfunktion

5.05 Gegeben ist die Polynomfunktion zweiten Grades $f(x) = 2x^2 - 7x + 3$.
a) Ermittle die Funktionswerte $f(0)$, $f(1)$, $f(2)$ und $f(3)$.
b) Zeichne den Graphen.

5.06 Für die Berechnung der Funktionswerte von Polynomfunktionen höheren Grades eignet sich das Verfahren von HORNER. (Siehe Lösungsteil).
a) Ermittle damit die Funktionswerte der Funktion $f(x) = x^3 - 3x^2 - x + 3$ an den Stellen $-1, 0, 1, 2$ und 3.
b) Zeichne den Graphen.

Nullstellen, Extremstellen und Wendestellen von Polynomfunktionen

5.07 Berechne die Nullstellen der Funktion $f(x) = 3x^2 + 4x - 4$.

5.08 Zeige, dass die Funktion $f(x) = x^3 - 3x^2 - 16x - 12$ die Nullstelle $x_1 = 6$ besitzt. Spalte den Linearfaktor $(x - x_1)$ ab und berechne die weiteren Nullstellen.

5.09 Gegeben ist die Polynomfunktion $f(x) = 2x^4 - 4x^3 - 18x^2 + 4x + 16$.
Ermittle zwei ganzzahlige Nullstellen x_1 und x_2 durch Probieren und die restlichen Nullstellen durch Abspalten des Faktors $(x - x_1) \cdot (x - x_2)$.

Polynom = mehrgliedriger Ausdruck. Er besteht aus *Summen und Differenzen von Potenzen.*

Binom = zweigliedriger Ausdruck.

Polynomfunktionen:

Grad 0: $y = a_0$

Grad 1: $y = a_1 x + a_0$

Grad 2: $y = a_2 x^2 + a_1 x + a_0$

Grad 3: $y = a_3 x^3 + a_2 x^2 + a_1 x + a_0$

Grad n:
$y = a_n x^n + a_{n-1} x^{n-1} + \ldots + a_2 x^2 + a_1 x + a_0$

Die Schnittpunkte eines Funktionsgraphen mit der x-Achse heißen **Nullstellen**. Man erhält sie, indem man die Gleichung $f(x) = 0$ nach x auflöst.

Eine Polynomfunktion vom Grad n **hat höchstens n reelle Nullstellen**.

Ganzzahlige Nullstellen müssen *Teiler des konstanten Gliedes* der zugehörigen Polynomfunktion sein.

Es gibt zwei Arten von **lokalen Extremstellen**:

An der Stelle x_0 ist ein **Hochpunkt** $H(x_0|f(x_0))$, wenn die Funktionswerte in einer gewissen Umgebung von x_0 *kleiner* als $f(x_0)$ sind.

An der Stelle x_0 ist ein **Tiefpunkt** $T(x_0|f(x_0))$, wenn die Funktionswerte in einer gewissen Umgebung von x_0 *größer* als $f(x_0)$ sind.

An den Extremstellen hat der Funktionsgraph eine waagrechte Tangente.

Eine Polynomfunktion vom Grad n kann **höchstens (n – 1) Extremstellen** haben.

Die Stelle x_0 heißt **Wendestelle** einer Funktion *f*, wenn sich der Krümmungssinn ändert. An der Wendestelle selbst ist die Krümmung = 0. Der Punkt $W(x_0|f(x_0))$ heißt **Wendepunkt**.

Eine Polynomfunktion vom Grad n kann **höchstens (n – 2) Wendepunkte** haben.

5.10 Gegeben ist der Graph einer Polynomfunktion 4. Grades.

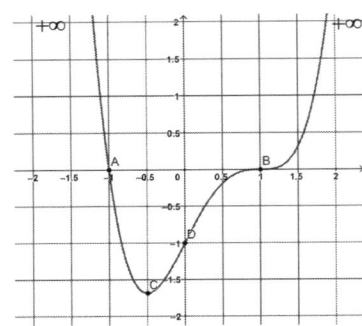

a) Beschreibe ihren Verlauf.

b) Lies die Koordinaten der Punkte A, B, C und D aus der Zeichnung ab.

5.11 Gegeben sind die Graphen von zwei Polynomfunktionen.

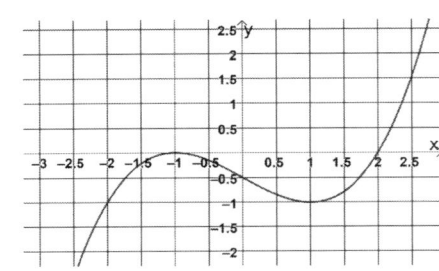 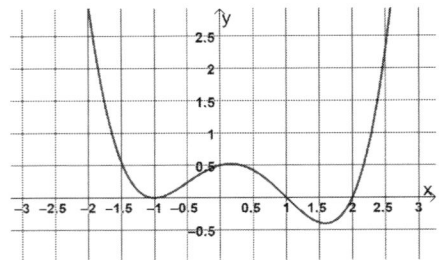

a) Welchen Punkt haben beide Graphen gemeinsam?

b) Welche der folgenden Aussagen sind *falsch*?

(1) Jeder Graph hat einen Hochpunkt.

(2) Jeder Graph schneidet die x – Achse mindestens einmal.

(3) Es gibt einen Graphen, der keinen Tiefpunkt hat.

(4) Beide Graphen haben zwei gemeinsame Nullstellen.

(5) Beide Graphen schneiden die y – Achse.

(6) Es gibt nur einen Graphen, der die x – Achse berührt.

5.12 Betrachte das zweite Diagramm von Aufgabe 5.11 und beantworte folgende Fragen.

a) Wie viele verschiedene Nullstellen besitzt die zugehörige Funktion?

b) Wie oft berührt der Graph die x - Achse?

c) Wie oft schneidet der Graph die x - Achse?

d) In welchen Intervallen sind die Funktionswerte positiv, in welchen negativ?

e) An welchen Stellen ist der Funktionswert gleich Null?

f) Gibt es Stellen, an denen der Funktionswert kleiner als –1 ist?

g) Wie viele Wendepunkte gibt es und in welchen Intervallen liegen sie?

6 Exponential- und Logarithmusfunktionen

Exponentialfunktion

6.01 Zeichne die Graphen folgender Funktionen für D = [−4;4] in ein Koordinatensystem und nenne wichtige Eigenschaften.

(1) $y = 2^x$, (2) $y = \left(\frac{1}{2}\right)^x$, (3) $y = 3^{-x}$, (4) $y = \left(\frac{1}{3}\right)^{-x}$.

6.02 Zeichne die Graphen folgender Funktionen für D = [−5;5] in ein Koordinatensystem:

(1) $y = 2^{0,5x}$, (2) $y = e^{0,5x}$, (3) $y = 10^{0,5x}$.

Was fällt dir auf? Gib die Funktionsgleichungen jener Exponentialfunktionen an, deren Graphen symmetrisch zur y-Achse liegen.

6.03 a) Anfang 2000 überschritt die Weltbevölkerung die Sechs – Milliarden – Grenze.
Bis zum Jahr 2050 wird ein Zuwachs von 3,2 Milliarden Menschen vorausgesagt. Wie groß ist der prognostizierte jährliche Bevölkerungszuwachs, wenn exponentielles Wachstum angenommen wird.

b) Die bevölkerungsreichsten Staaten im Jahr 2000 waren China mit $1,3 \cdot 10^9$ und Indien mit $1,0 \cdot 10^9$ Einwohnern. Der jährliche Zuwachs beträgt in China 1% und in Indien 1,9 %. Ermittle die voraussichtliche Bevölkerungszahl der beiden Länder in den Jahren 2025 und 2050.

c) Afrika besitzt mit 2,5 % den größten Bevölkerungszuwachs. Für 2025 werden $1,3 \cdot 10^9$ Einwohner vorausgesagt. Wie viele Menschen lebten Anfang 2000 in Afrika?

6.04 a) In einer Bakterienkultur beträgt die Verdopplungszeit 18 min. Wie viele Bakterien waren anfänglich vorhanden, wenn nach 2 Stunden 120000 Bakterien gezählt wurden?

b) Wie groß ist die prozentuelle Zunahme pro Minute?

c) Wie viele Bakterien entstehen innerhalb eines Tages aus einer einzigen?

d) Nachdem die Zahl 10^{28} erreicht worden ist, sterben auf Grund ungünstiger Bedingungen pro Stunde 25 % der Bakterien ab. Wie viele Bakterien sind nach einem Tag noch vorhanden?

6.05 Der Luftdruck nimmt mit zunehmender Höhe (über dem Meeresspiegel) gemäß dem Gesetz $p = p_0 \cdot e^{-0125\,h}$ ab.
p ... Luftdruck in bar, $p_0 = 1{,}013$ bar ... Luftdruck auf Meeresspiegelniveau, h ... Höhe über dem Meeresspiegel in km.

a) Zeichne ein Schaubild.

b) Berechne den Luftdruck (1) auf dem Sonnblick (3105 m), (2) dem Neusiedlersee (115 m), (3) auf dem Mt. Everest (8848 m), (4) in Wien (171 m), (5) in 10 km Höhe.

c) Um wie viel Prozent nimmt der Luftdruck pro km ab?

Exponentialfunktion
$^a\exp : \mathbb{R} \to \mathbb{R}, y = a^x$
$a \in \mathbb{R}^+$ ... Basis

EULER'sche Zahl
$e = 2{,}71828\ldots$

Bemerkung: e ist - wie π - eine transzendente Zahl; sie lässt sich nicht durch Wurzelausdrücke darstellen.

Natürliche Exponentialfunktion
$\exp : \mathbb{R} \to \mathbb{R}, y = e^x$
e ... Basis

Logarithmus und Logarithmusfunktion

Die Lösung der Gleichung $a^x = b$ in $\mathbb{R}$ nennt man den **Logarithmus** von b zur Basis a.

(b heißt Numerus).

$a^x = b \Leftrightarrow x = {}^a\log b$

$(a \in \mathbb{R}^+ \setminus \{1\}, b \in \mathbb{R}^+)$

Merke: Der Logarithmus von b zur Basis a ist jener Exponent, mit dem man a potenzieren muss, um b zu erhalten.
Beispiel: Der Logarithmus von 100 zur Basis 10 ist 2, weil $10^2 = 100$ ist.

6.06 a) Schreib folgende Gleichungen in logarithmischer Form: (1) $2^3 = 8$,
(2) $4^{-3} = \frac{1}{64}$, (3) $\left(\frac{2}{3}\right)^{-2} = \frac{9}{4}$, (4) $5^{2/3} = \sqrt[3]{25}$, (5) $e^{-2} = 0{,}13534\ldots$
(6) $e^{1/3} = 1{,}39561\ldots$

b) Schreib folgende Gleichungen in Exponentialform: (1) ${}^2\log 16 = 4$
(2) ${}^5\log \frac{1}{25} = -2$, (3) ${}^{3/4}\log \frac{4}{3} = -1$, (4) ${}^{10}\log \sqrt[4]{10} = \frac{1}{4}$, (5) ${}^e\log \frac{1}{e^2} = -2$,
(6) $\ln 1 = 0$.

6.07 a) Berechne ohne Taschenrechner: (1) ${}^2\log 32$, (2) ${}^3\log \frac{1}{9}$, (3) ${}^5\log 125$,
(4) ${}^{10}\log \frac{1}{1000}$, (5) ${}^e\log \frac{1}{e^4}$, (6) $\ln \sqrt{e}$.

b) Berechne die Basis: (1) ${}^x\log 25 = -2$, (2) ${}^x\log \frac{8}{343} = 3$, (3) ${}^x\log \frac{1}{e} = -1$.

c) Berechne den Numerus: (1) ${}^7\log x = 2$, (2) ${}^{10}\log x = -4$, (3) ${}^e\log x = \frac{2}{3}$.

6.08 Berechne x in folgenden Gleichungen mittels der zugehörigen Exponentialgleichung.

(1) ${}^x\log 125 = -3$, (2) ${}^x\log \frac{1}{343} = -3$

(3) ${}^3\log x = \frac{2}{3}$, (4) ${}^{1/3}\log x = \frac{3}{2}$

(5) ${}^{10}\log \sqrt[4]{0{,}1} = x$, (6) ${}^{10}\log 0{,}001 = x$.

Rechenregeln für das Rechnen mit Logarithmen:

${}^a\log(u \cdot v) = {}^a\log u + {}^a\log v$

${}^a\log \frac{u}{v} = {}^a\log u - {}^a\log v$

${}^a\log u^r = r \cdot {}^a\log u$

${}^a\log \sqrt[r]{u} = \frac{1}{r} \cdot {}^a\log u$

6.09 a) Zerlege den Term $\log \dfrac{a^5 \cdot \sqrt[3]{b^5} \cdot c^4}{\sqrt[4]{a^7}}$ mit Hilfe der Regeln für das Rechnen mit Logarithmen.

b) Stelle den folgenden Ausdruck als Logarithmus eines einzigen Terms dar:

$5\log x + \dfrac{1}{3}\left[2\log y + \log a - \dfrac{2}{5}\log b\right]$

Logarithmusfunktion

${}^a\log : \mathbb{R}^+ \to \mathbb{R}, y = {}^a\log x$

$a \in \mathbb{R}^+ \setminus \{1\}$

Natürliche Logarithmusfunktion

$\ln : \mathbb{R}^+ \to \mathbb{R}, y = \ln x$

6.10 a) Zerlege den Term $\log \dfrac{(x+y)^2 \cdot (x-y)}{x^2 \cdot y^3 \cdot (x^2 + y^2)}$ mit Hilfe der Regeln für das Rechnen mit Logarithmen.

b) Stelle den folgenden Ausdruck als Logarithmus eines einzigen Terms dar:

$\dfrac{1}{4}[8\log x - 4\log(x+y)] + 2\log y^2 - \dfrac{1}{2}\log(x-y) - 3\log x$

Anleitung: Zeichne die Graphen in den Fällen (1) und (3) durch Spiegelung der zugehörigen Exponentialfunktion an der 1. Mediane.

6.11 Zeichne die Graphen folgender Funktionen für $D = \,]0;6\,]$ in ein Koordinatensystem. Nenne wichtige Eigenschaften.

(1) $y = {}^2\log x$, (2) $y = \ln x$, (3) $y = {}^5\log x$, (4) $y = {}^{10}\log x$.

6 Exponential- und Logarithmusfunktionen

6.12 Zeichne die Graphen folgender Funktionen für $D = \,]0;6\,]$ in ein Koordinatensystem: (1) $y = {}^3\log x$, (2) $y = {}^{1/3}\log x$.

a) Was fällt dir auf? Nenne wichtige Eigenschaften.
b) Zeichne die Graphen der Umkehrfunktionen durch Spieglung an der 1. Mediane und gib ihre Funktionsgleichungen an.

Anleitung: Verwende für die Berechnung der Funktionswerte die Umrechnungsformel:
$${}^a\log x = \frac{\ln x}{\ln a}$$

Exponentialgleichungen und logarithmische Gleichungen

6.13 Löse folgende Exponentialgleichung in $\mathbb{R}$ und mache die Probe!
$$3^{x+4} - 5^{x+3} + 3^{x+2} = 5^{x+2} - 3^{x+3} + 9 \cdot 5^{x+1}$$

Exponentialgleichung = Gleichung, bei der die *Unbekannte* als *Exponent* vorkommt.

6.14 Löse folgende Exponentialgleichung in $\mathbb{R}$ und mache die Probe!
$$5 \cdot 2^{x+2} - 3^{x+1} + 2^{x+3} = 3^{x+2} - 2^{x+1} + 8 \cdot 3^x$$

6.15 Löse folgende Gleichung in $\mathbb{R}$ und gib die Lösung auf 5 Dezimalen gerundet an. Führe die Probe aus.
$$7^{x+2} - 5^{x+2} + 7^{x+1} = 5^{x+3} - 7^{x+3} + 5^{x+4}$$

6.16 Löse folgende Gleichung in $\mathbb{R}$ und gib die Lösung auf 5 Dezimalen gerundet an. Führe die Probe aus.
$$5^{x+1} - 3^{x+2} + 5^{x+2} = 3^{x+3} + 3^{x+4} - 5^{x+3}$$

6.17 Löse folgende Gleichungen in $\mathbb{R}$ und gib die Lösung auf 5 Dezimalen gerundet an. Führe die Probe aus.

a) $5 \cdot 7^x = 4 \cdot 15^x$
b) $2 \lg x - \lg(x+2) = 1$

Logarithmische Gleichung = Gleichung, bei der die *Unbekannte* als *Numerus* von Logarithmen vorkommt.
$\lg x = {}^{10}\log x$

6.18 Löse folgende Gleichungen in $\mathbb{R}$ und gib die Lösung auf 5 Dezimalen gerundet an. Führe die Probe aus.

a) $3 \cdot 11^x = 5 \cdot 16^x$
b) $\lg \dfrac{x}{5} + 2 = \lg(x^2 - 21)$

6.19 Löse folgende logarithmische Gleichung in $\mathbb{R}$ und mache die Probe!
$$2 \log(x-3) - \log(2x+1) = \log 2 + \log(5-x)$$

6.20 Löse folgende logarithmische Gleichung in $\mathbb{R}$ und mache die Probe!
$$\log(x+5) - \log(x-4) = \log(3x-5) - \log(x-3)$$

6.21 Löse folgende Gleichungen in $\mathbb{R}$ und mache die Probe!

a) $\lg(x-6) - \lg(x+4) = \lg 5 - \lg 7$
b) $7^{\lg x} = 49$

6.22 Löse folgende Gleichungen in $\mathbb{R}$ und mache die Probe!

a) $\lg 3x + \lg(4x-7) = \lg 11x + \lg 9$
b) $5^{\lg x} = \dfrac{1}{25}$

6.23 Löse folgende Gleichung in ℝ und mache die Probe!

a) $x^{\lg x - 1{,}5} = 10$
b) $x^{\ln x + 3{,}5} = e^2$

6.24 Löse folgende Gleichung in ℝ und mache die Probe!

a) $7 \cdot x^{\lg 4x - 1} = 9$
b) $-2 \cdot x^{\lg 5x} = -x^2$

Anwendungsaufgaben

6.25 Bei einem organischen Wachstumsprozess nimmt die Masse eines beliebigen Organismus pro Tag um 35 % zu.
  a) Stelle das Wachstum durch die Formeln
     (1) $m_t = m_0 \cdot a^t$ und (2) $m_t = m_0 \cdot e^{\lambda t}$ dar.
  b) Berechne die Verdopplungszeit.
  c) Wann ist die 50fache Anfangsmasse erreicht?
  d) Zeichne ein Schaubild. Wähle als Zeiteinheit die Verdopplungszeit.

Verdopplungszeit = Zeit, in der eine vorhandene Menge auf das Doppelte anwächst.

6.26 Ein stetiger Wachstumsvorgang vollzieht sich mit einer Wachstumskonstanten von 2 %. Zur Zeit t = 0 waren 3000 Individuen vorhanden.
  a) Stelle das Wachstumsgesetz auf zwei Arten auf und berechne daraus die Anzahl der Individuen nach 10, 20, 30, 40, 50, 60 Zeiteinheiten.
  b) Zeichne ein Schaubild und lies daraus die Verdopplungszeit ab.
  c) Berechne, in welcher Zeit die Anzahl der Individuen auf das 10fache steigt.

6.27 Beim radioaktiven Zerfall von Wismut beträgt die Halbwertszeit 5,0 Tage.
  a) Ermittle die Zerfallskonstante. Wie lautet das Zerfallsgesetz?
  b) Berechne aus dem Zerfallsgesetz die Wismutmengen nach 2, 4, 6, 8, 10, 12 Tagen, wenn ursprünglich 60 g vorhanden waren.
  c) Zeichne ein Schaubild und lies daraus die Halbwertszeit ab.
  d) Nach wie viel Tagen sind nur mehr 2 g Wismut vorhanden?

Halbwertszeit = Zeit, in der von einer vorhandenen Menge die Hälfte zerfällt.

6.28 a) Mittels der ^{14}C-Methode (Radiokarbon - Methode) kann das Alter von abgestorbenen Organismen bestimmt werden. Ermittle damit das Alter eines Tierskeletts, wenn man noch 1,8 % des ursprünglichen ^{14}C-Gehalts gemessen hat. (Halbwertszeit $\tau = 5730$ Jahre).

b) Für radioaktives Kobalt gilt das Zerfallsgesetz $n_t = n_0 \cdot e^{-0{,}1308\, t}$ (t Jahre).
  (1) Wie viel Prozent einer gegebenen Kobaltmenge sind nach 20 Jahren noch vorhanden?
  (2) Wie viel Gramm Kobalt waren von derzeit $2{,}5 \cdot 10^{-3}$ g vor 50 Jahren vorhanden?

7 Winkelfunktionen – Trigonometrie

Winkelfunktionen – Winkelmaße

7.01 Von einem rechtwinkeligen Dreieck sind die beiden Katheten a = 5 und b = 12 gegeben.
 a) Ermittle die Werte der Winkelfunktionen für α und β.
 b) Berechne die Winkel α und β und gib sie in (1) Altgrad, (2) in Neugrad und (3) im Bogenmaß an. Führe die Umrechnungen für den Winkel α ausführlich durch, für den Winkel β verwende die Sondertasten deines Taschenrechners.

7.02 Von einem rechtwinkeligen Dreieck sind die Kathete b = 8 und die Hypotenuse c = 17 gegeben.
 a) Ermittle die Werte der Winkelfunktionen für α und β.
 b) Berechne den Winkel α im Bogenmaß und rechne ins Gradmaß um. (Altgrad und Neugrad). Führe die Umrechnungen ausführlich durch.
 c) Berechne den Winkel β in Neugrad und gib ihn auch in Altgrad und im Bogenmaß an. Verwende dazu die Sondertasten deines Tachenrechners.

7.03 a) Stelle die gegebenen Funktionswerte durch Funktionswerte des reduzierten Winkels derselben Funktion dar: (1) $\sin 317°$, (2) $\tan 247°$, (3) $\cos 156^g$, (4) $\tan \frac{4\pi}{3}$, (5) $\cot 430°$.
 b) Rechne die kartesischen Koordinaten des Punktes P(–8/15) in Polarkoordinaten um. Gib den Winkel (1) in Dezimalgrad, (2) in Dezimalgon und (3) in rad an.

7.04 a) Stelle die gegebenen Funktionswerte durch Funktionswerte des reduzierten Winkels derselben Funktion dar: (1) $\sin 743^g$, (2) $\cos \frac{7\pi}{5}$, (3) $\cot \frac{5\pi}{3}$ (4) $\cos 164°$ (5) $\tan 218°$.
 b) Rechne die Polarkoordinaten der Punkte P(9/220°), Q(11/310^g), R(7,5/4rad) in kartesische Koordinaten um.

7.05 a) Beweise die Richtigkeit der Formel $\frac{1}{1+\cot^2 \varphi} = \sin^2 \varphi$.
 b) Gegeben: $\sin \varphi = \frac{2}{5}$, $90° < \varphi < 180°$. Ermittle ohne Berechnung des Winkels φ die Werte der übrigen Winkelfunktionen.

7.06 a) Beweise die Richtigkeit der Formel $\frac{1}{1+\tan^2 \varphi} = \cos^2 \varphi$.
 b) Gegeben: $\cos \varphi = \frac{2}{3}$, $270° < \varphi < 360°$. Ermittle ohne Berechnung des Winkels φ die Werte der übrigen Winkelfunktionen.

Winkelfunktionen:

Im *rechtwinkeligen Dreieck* gilt:

$\sin \varphi = \frac{\text{Gegenkathete}}{\text{Hypotenuse}}$

$\cos \varphi = \frac{\text{Ankathete}}{\text{Hypotenuse}}$

$\tan \varphi = \frac{\text{Gegenkathete}}{\text{Ankathete}}$

$\cot \varphi = \frac{\text{Ankathete}}{\text{Gegenkathete}}$

Winkelmaße:

Gradmaße:

1 (Alt-)**Grad** (DEGree) = 1° =

= $\frac{1}{90}$ des rechten Winkels.

1° = 60′, 1′ = 60″

1 **Neugrad** (GRAD, gon) = 1^g

= $\frac{1}{100}$ des rechten Winkels.

1^g = 100^c, 1^c = 100^{cc}

Bogenmaß:

1 **Radiant** (RAD) = 1rad =

= $\frac{180°}{\pi}$ ≈ 57,3°

Die **Umrechnung** zwischen den drei Winkelmaßen beruht auf der **Winkelmaß-Proportion**:

$\varphi(°) : \varphi(^g) : \varphi(rad) = 180 : 200 : \pi$

Gebräuchliche Unterteilungen der Winkeleinheiten: **Dezimalgrad**, **Dezimalgon** und **Dezimalradiant**.

Trigonometrische Grundbeziehungen:

$\sin^2 \varphi + \cos^2 \varphi = 1$

$\tan \varphi = \frac{\sin \varphi}{\cos \varphi}$

Ferner gilt:

$\cot \varphi = \frac{1}{\tan \varphi} = \frac{\cos \varphi}{\sin \varphi}$

7.07 a) Gegeben: $\tan \varphi = \dfrac{24}{7}$, $180° < \varphi < 270°$. Ermittle ohne Berechnung des Winkels φ die Werte der übrigen Winkelfunktionen.

b) Vereinfache $\sin \varphi \cdot \cos \varphi \cdot (\tan \varphi + \cot \varphi)$ mittels der trigonometrischen Grundbeziehungen. Gib an, für welche $\varphi \in \mathbb{R}$ die Vereinfachung vorgenommen werden darf.

7.08 a) Gegeben: $\cot \varphi = \dfrac{21}{20}$, $0° < \varphi < 90°$. Ermittle ohne Berechnung des Winkels φ die Werte der übrigen Winkelfunktionen.

b) Vereinfache $\dfrac{\cos \varphi}{1 + \tan^2 \varphi}$ mittels der trigonometrischen Grundbeziehungen. Gib an, für welche $\varphi \in \mathbb{R}$ die Vereinfachung vorgenommen werden darf.

Goniometrische Gleichungen

> **Goniometrische Gleichung** = Gleichung, bei der ein *Winkel* die *Unbekannte* (Variable) ist.
>
> Beim **graphischen Lösen** einer goniometrischen Gleichung werden die Graphen der Winkelfunktionen benötigt.

7.09 a) Löse die goniometrische Gleichung $2 \sin \varphi = \tan \varphi$ für (1) $G = [0°; 360°[$, (2). $G = [0; 2\pi[$, (3) $G = [0^g; 400^g[$.

b) Löse die Gleichung auch graphisch.

7.10 a) Löse die goniometrische Gleichung $2 \cos^2 \varphi = \sin 2\varphi$ für $G = \mathbb{R}$. Gib das Ergebnis (1) in Dezimalgrad (2) in Radianten (3) in Neugrad an.

b) Löse die Gleichung auch graphisch.

7.11 Löse die goniometrische Gleichung $\sin \varphi + \cos 2\varphi = 0{,}5$ für $G = [0°; 360°[$. Gib das Ergebnis auch in Neugrad und im Bogenmaß an.

7.12 Löse die goniometrische Gleichung $\cos 2\varphi = \cos \varphi - 0{,}5$ für $G = [0°; 360°[$. Gib das Ergebnis auch in Neugrad und im Bogenmaß an.

Auflösung rechtwinkeliger Dreiecke

> Mit Hilfe der Winkelfunktionen lassen sich *rechtwinkelige* Dreiecke aus *zwei* gegebenen *Bestimmungsstücken* „auflösen".
>
> Gehe folgendermaßen vor:
> - Mache eine **Skizze**.
> - Formuliere die **Ansätze allgemein**.
> - Stelle die **gesuchte** Größe **explizit** dar und setze dann die konkreten Werte ein.

7.13 Von einem rechtwinkeligen Dreieck kennt man $a = 12{,}5$ und $h_c = 11{,}7$. Berechne $b, c, \alpha, \beta, p, q, A$.

7.14 Von einem gleichschenkeligen Dreieck kennt man $a = 36$ und $\alpha = 52{,}23°$. Berechne $c, \gamma, h_a, h_c A$.

7.15 Von einem Rhombus (=Raute) sind die Diagonalen $e = 312$ und $f = 130$ gegeben. Berechne a, h, α, β, A.

7.16 Von einem gleichschenkeligen Trapez sind die Höhe $h = 63$, die Diagonale $f = 156$ und der Winkel $\alpha = 75°45'$ gegeben. Berechne $a, b, c, d, e, \beta, \gamma, \delta, A$.

Anwendungsaufgaben

7.17 Ein kegelförmiges Turmdach besitzt eine Höhe von 9,4 m. Die Mantellinie s ist unter $\varphi = 52°$ gegen die Grundfläche geneigt. Wie viel m² Blech benötigt man zum Eindecken, wenn wegen der Überlappung der Blechplatten um 20% mehr gerechnet werden muss? Berechne auch das Volumen des Dachraumes.

7.18 Ein Heißluftballon, der mit seiner Gondel h = 22 m hoch ist, erscheint einem Beobachter unter dem Sehwinkel $\varphi = 2°36'$. Der Höhenwinkel zur Unterkante der Gondel beträgt $\alpha = 44°48'$. Wie hoch schwebt die Gondel über der Erde und wie weit ist sie vom Beobachter entfernt?

7.19 Von der Plattform eines Aussichtsturms erscheint eine Wegkreuzung unter dem Tiefenwinkel $\alpha = 4°18'$. Ihre Entfernung beträgt s = 852,5 m. Wie lang ist der geradlinige Weg, der von der Wegkreuzung zum Turm führt, wenn das Gelände zum Turm hin unter $\varepsilon = 3°6'$ ansteigt? Berechne auch die Höhe des Turms.

7.20 Eine von zwei zueinander senkrechten Komponenten einer resultierenden Kraft F beträgt $F_1 = 82,5$ N und schließt mit ihr den Winkel $\varphi = 15,7°$ ein.
(1) Berechne die zweite Komponente F_2 und die resultierende Kraft F.
(2) Wie groß müssen jene aufeinander senkrecht stehenden *gleich großen* Kräfte gewählt werden, damit sie der Kraft F das Gleichgewicht halten.

Auflösung schiefwinkeliger Dreiecke

7.21 Von einem Trapez ist gegeben: a = 126,3, b = 85,4, c = 23,2, $\alpha = 54,7°$. Berechne den Umfang und den Flächeninhalt des Trapezes.

7.22 Von einem Parallelogramm ist gegeben: a = 47,5, e = 97,6, f = 66,2. Berechne den Umfang und den Flächeninhalt des Parallelogramms.

7.23 Von dem abgebildeten Viereck kennt man a = 60 cm, d = 18 cm, $\alpha = 67°18'$, $\beta = 43°36'$, $\gamma = 27°48'$. Berechne Umfang und Flächeninhalt des Vierecks.

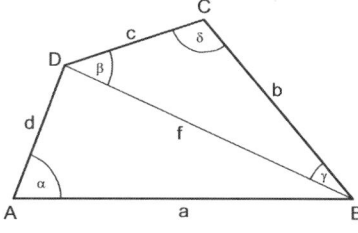

7.24 Von dem abgebildeten Viereck kennt man c = 28 cm, d = 24 cm, $\alpha = 32°48'$, $\beta = 63°6'$, $\gamma = 122°24'$. Berechne Umfang und Flächeninhalt des Vierecks.

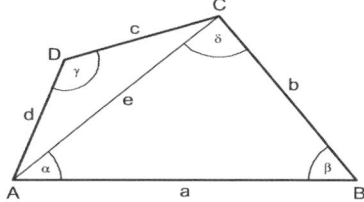

Sehwinkel = Winkel zwischen den Visierlinien = Winkel unter dem ein Objekt erscheint.

Höhenwinkel und **Tiefenwinkel** sind Vertikalwinkel. Sie werden von einer gedachten *horizontalen* Linie aus *nach oben* bzw. *nach unten* gemessen.

Horizontalwinkel werden in einer horizontalen Ebene *nach links* bzw. *nach rechts* gemessen.

Mit Hilfe der folgenden zwei **Lehrsätze** lassen sich *schiefwinkelige* Dreiecke aus *drei Bestimmungsstücken* auflösen.

Sinussatz:
$$\frac{a}{\sin\alpha} = \frac{b}{\sin\beta} = \frac{c}{\sin\gamma}$$
Im Fall SWW oder SSW.

Cosinussatz:
$$a^2 = b^2 + c^2 - 2bc\cdot\cos\alpha$$
$$b^2 = c^2 + a^2 - 2ca\cdot\cos\beta$$
$$c^2 = a^2 + b^2 - 2ab\cdot\cos\gamma$$
Im Fall SWS oder SSS.

Gehe folgendermaßen vor:
- Mache eine **Skizze**.
- Formuliere die **Ansätze allgemein**.
- Stelle die **gesuchte** Größe **explizit** dar und setze dann die konkreten **Werte** ein.

Vermessungsaufgaben

Bei den Vermessungsaufgaben findet die Auflösung rechtwinkeliger und schiefwinkeliger Dreiecke eine wichtige praktische Anwendung.

Das Anlegen einer *Skizze*, in der die gegebenen und die gesuchte(n) Größe(n) eingetragen werden, ist *unerlässlich*.

7.25 Am Ufer eines Flusses wurde eine Standlinie c = 50m abgesteckt und in ihren Endpunkten die Winkel α = 39°30′ und β = 67°24′ nach einem am Gegenufer stehenden Baum gemessen. Wie breit ist der Fluss an dieser Stelle?

7.26 Beim Vermessen einer Wiese ist die hintere Begrenzungslinie CD infolge sumpfigen Geländes nicht begehbar. Um ihre Länge zu bestimmen, wird von C aus eine Standlinie CP = 100m in den trockenen Teil der Wiese abgesteckt und von ihren Endpunkten die Winkel ∢ DCP = 59,8° und ∢ CPD = 83,4° gemessen. Wie lang ist die Begrenzungslinie CD?

7.27 Aus einem Flugzeug erblickt man die Orte A und B in derselben Blickrichtung unter den Tiefenwinkeln α = 43,1° und β = 27,6°. Wie hoch fliegt das Flugzeug, wenn die Entfernung AB = 1350m beträgt und beide Orte die gleiche Seehöhe besitzen.

7.28 Vom Flachdach eines Hochhauses misst man die Tiefenwinkel α = 21°18′ und β = 13°30′ nach dem Fuße und der Spitze einer in derselben Horizontalebene stehenden Säule s = 15m. Wie hoch ist das Haus und wie weit ist es von der Säule entfernt?

7.29 An zwei gegenüberliegenden Stellen der Ufer eines Flusses stehen zwei Türme von ungleicher Höhe. Vom Fußpunkt und der Spitze des kleineren Turmes, dessen Höhe 53,6m beträgt, misst man nach der Spitze des größeren Turmes die Höhenwinkel α = 20,3° und β = 8,5°. Wie hoch ist der größere Turm und wie breit ist der Fluss an dieser Stelle?

7.30 Von den Endpunkten einer 100m langen Standlinie AB werden die Horizontalwinkel ∢ FAB = 75°12′ und ∢ FBA = 48°36′ zum Fußpunkt F eines Fernsehmastes gemessen. Von B aus misst man den Höhenwinkel γ = 32°48′ zur Mastspitze S. Ermittle die Höhe des Mastes.

7.31 Um die Höhe eines senkrecht über A schwebenden Ballons B zu bestimmen, steckt man in der Horizontalebene von A eine Standlinie CD = s = 296,3m ab und misst von ihren Endpunkten die Horizontalwinkel ∢ ACD = β = 32°12′ und ∢ ADC = γ = 120°30′. Ferner bestimmt man den Höhenwinkel ∢ BCA = ε = 79°30′. Wie hoch steht der Ballon über A?

7 Winkelfunktionen – Trigonometrie

7.32 Um die Entfernung zweier Geländepunkte A und B zu bestimmen, zwischen denen eine Obstplantage liegt, wird ein im Vorgelände liegender Punkt C gewählt und die Strecken AC = 228,3m, BC = 335,6m sowie der Winkel ∢ ACB = γ = 68,4° gemessen. Wie lang ist die Strecke AB? Im Halbierungspunkt der Strecke AB befindet sich ein Überwachungsturm. Wie weit ist er vom Punkt C entfernt?

7.33 Ein Beobachter steht 16m vor einer 34m hohen Mehrzweckhalle und sieht einen Heißluftballon hinter der Halle emporsteigen. Nach einiger Zeit ist der Ballon um 200m senkrecht aufgestiegen und erscheint unter dem Höhenwinkel β = 73°. Wie hoch schwebt der Ballon jetzt über dem Erdboden und wie weit ist der Aufstiegsort vom Beobachter entfernt?

7.34 Von der Spitze eines Leuchtturms, die 53m über dem Meeresspiegel liegt, misst man die Tiefenwinkel α = 5°54′ und β = 10°6′ nach zwei in verschiedenen Blickrichtungen einlaufenden Schiffen. Der Winkel zwischen den Visierlinien beträgt γ = 104°. Ermittle (1) die Entfernung der beiden Schiffe. Berechne (2) den Winkel unter dem die beiden Schiffe vom (auf der Meeresoberfläche angenommenen) Fußpunkt des Leuchtturms erscheinen.

7.35 Von einer geraden Straße gehen zwei Seitenstraßen ab; die eine unter einem Winkel von 35° nach rechts, die zweite 2,5km später unter 25° nach links. Auf der ersten Seitenstraße erreicht man nach 9,4km den Ort A, auf der zweiten erreicht man nach 4,8km den Ort B. Wie weit sind die beiden Orte A und B voneinander entfernt?

7.36 Drei Orte A,B und C bilden ein im Flachland liegendes Dreieck. Sie haben die Entfernungen AB = 7,5km, AC = 9,4km und BC = 5,8km. Auf der Verlängerung von AB über B hinaus liegt der Ort D. Von ihm führt eine geradlinige Straße unter dem Winkel von 12,25° nach dem Ort C. Berechne die Entfernungen des Ortes D von den Orten B und C.

7.37 Der Fußpunkt eines Turmes und die beiden Geländepunkte P und Q liegen in derselben Horizontalebene. Die beiden Geländepunkte werden von der Spitze S des h = 85m hohen Turmes in derselben Vertikalebene unter den Tiefenwinkeln α = 57,3° und β = 23,7° gesehen. Ermittle die Entfernung PQ.

7.38 Ein Aussichtsturm steht auf einem unter dem Böschungswinkel ε = 6,5° ansteigenden ebenen Gelände. Um seine Höhe zu bestimmen, steckt man vor dem Turm eine Standlinie AB = 100m ab, sodass A, B und der Fußpunkt F des Turmes in einer Linie liegen. Von den Endpunkten der Standlinie mißt man zur Turmspitze die Höhenwinkel α = 21,4° und β = 35,7°. Wie hoch ist der Turm?

Böschungswinkel = Winkel unter dem das Gelände (der Hang) von der Horizontalen aus gemessen ansteigt oder abfällt.

8 Grenzwert und Stetigkeit reeller Funktionen

Stetige und unstetige Funktionen

Eine Funktion f ist **stetig** an der Stelle x_0, wenn gilt:

$$\lim_{x \to x_0} f(x) = f(x_0)$$

Funktions-	Funktions-
grenzwert	wert

Wichtige **Unstetigkeitsstellen**:
– Sprungstelle,
– Isolierter Punkt,
– Lücke = hebbare Unstetigkeitsstelle,
– Polstelle = Unendlichkeitsstelle,
– Oszillationsstelle.

8.01 a) Gib eine stückweise Definition der Funktion $f : \mathbb{R} \to \mathbb{R}, y = |x-2|-2$ an, zeichne ihren Graphen und entnimm der Zeichnung, ob die Funktion stetig ist, bzw. wo sie unstetig ist.

b) Berechne mit geeigneten Folgen den linksseitigen und den rechtsseitigen Grenzwert bei x = 2. (Verwende dazu die stückweise Definition von f).

8.02 a) Gib eine stückweise Definition der Funktion $f : \,]-2;2[\,\to \mathbb{R}, y = 2x \cdot \text{int } x$ an, zeichne ihren Graphen und entnimm der Zeichnung, ob die Funktion stetig ist, bzw. wo sie unstetig ist.

b) Berechne mit geeigneten Folgen den linksseitigen und den rechtsseitigen Grenzwert bei x = 1. (Verwende dazu die ursprüngliche Definition von f).

8.03 a) Zeichne den Graphen der Funktion $f : \mathbb{R} \to \mathbb{R}, y = 2 + (2-x) \cdot \text{sgn}(x-3)$. Gib eine stückweise Definition von f an.

b) Zeige unter Benützung der Stetigkeitsdefinition, dass die Funktion an der Stelle x = 3 unstetig ist. Welche Art der Unstetigkeit liegt vor?

8.04 a) Zeichne den Graphen der Funktion $f : \mathbb{R} \to \mathbb{R}, y = 1 - (x+2) \cdot \text{sgn}(x-1)$. Gib eine stückweise Definition von f an.

b) Zeige unter Benützung der Stetigkeitsdefinition, dass die Funktion an der Stelle x = 1 unstetig ist. Welche Art der Unstetigkeit liegt vor?

Grenzwerte und asymptotisches Verhalten von Funktionen

8.05 Berechne die nachstehenden Grenzwerte:

a) $\lim\limits_{x \to \infty} \dfrac{x^2 - 5x}{2 - x^2}$ b) $\lim\limits_{x \to \infty} \dfrac{2x - 7}{0{,}5x^2 + 3x}$

c) $\lim\limits_{x \to \infty} \dfrac{2x^3 - x^2}{2 - 3x + x^2}$ d) $\lim\limits_{x \to \infty} \dfrac{x + 7}{x^2 - 49}$

e) $\lim\limits_{x \to 2} \dfrac{x^3 - 8}{x - 2}$ f) $\lim\limits_{x \to 0} \dfrac{1 - \cos^2 x}{\tan x}$

Eine Funktion $a : \mathbb{R} \to \mathbb{R}, y = a(x)$ heißt **asymptotische Funktion** an die Funktion f(x), wenn gilt:
$\lim\limits_{x \to +\infty} |f(x) - a(x)| = 0$ oder
$\lim\limits_{x \to -\infty} |f(x) - a(x)| = 0$
Bemerkung:
An einer Polstelle befindet sich eine **senkrechte Asymptote**.

8.06 Ermittle eine asymptotische Funktion bzw. alle (auch senkrechten) Asymptoten der Funktion $f : y = \dfrac{x^3 - 5x}{x^2 + 2x - 3}$

Erstelle eine Grafik mit GeoGebra.

8.07 Ermittle eine asymptotische Funktion bzw. alle (auch senkrechten) Asymptoten der Funktion $f : y = \dfrac{x^3 + 2x - 4}{x^2 - 2x - 3}$

Erstelle eine Grafik mit GeoGebra.

Verhalten von Funktionen an Definitionslücken

8.08 a) Untersuche die Funktion $f: y = \dfrac{x^2 - 4x + 4}{x^2 - 4}$ an ihren Definitionslücken und ermittle ihre Asymptoten. Hebbare Unstetigkeitsstellen sind zu schließen. Finde einen einfacheren Term, der diese „neue" Funktion beschreibt.

b) Erstelle eine Grafik mit GeoGebra.

8.09 a) Untersuche die Funktion $f: y = \dfrac{x^2 + 4x + 4}{x^2 - 4}$ an ihren Definitionslücken und ermittle ihre Asymptoten. Hebbare Unstetigkeitsstellen sind zu schließen. Finde einen einfacheren Term, der diese „neue" Funktion beschreibt.

b) Erstelle eine Grafik mit GeoGebra.

8.10 a) Untersuche die Funktion $f: y = \dfrac{2x^2 - 3x - 2}{x^2 + x - 6}$ an ihren Definitionslücken und ermittle ihre Asymptoten. Hebbare Unstetigkeitsstellen sind zu schließen. Finde einen einfacheren Term, der diese „neue" Funktion beschreibt.

b) Erstelle eine Grafik mit GeoGebra.

8.11 Gib die Definitionslücken von f an und versuche möglichst viele von ihnen zu schließen. Finde einen einfacheren Term, der diese „neue" Funktion beschreibt.

a) $f: y = \dfrac{x^4 - 2x^2 - 8}{x^2 - x - 6}$ Erstelle eine Grafik mit GeoGebra.

b) $f: y = \dfrac{x^2 - 4}{x^4 - 16}$ Erstelle eine Grafik mit GeoGebra.

8.12 Gegeben ist die Funktion $f: y = \dfrac{x^3 - 4x^2 + 4x}{2x - x^2}$.

a) Ermittle die Definitionsmenge von f.

b) Gib die stetige Fortsetzung $\bar{f}$ von f

(1) durch stückweise Definition

(2) durch einen einzigen Term an.

c) Erstelle eine Grafik mit GeoGebra.

Definitionslücken gebrochen rationaler Funktionen = Nullstellen des Nenners.

Ist die asymptotische Funktion eine konstante Funktion oder eine lineare Funktion dann besitzt die Funktion dort eine *waagrechte* bzw. *schiefe* (*=schräge*) **Asymptote**.

Hebbare Unstetigkeitsstellen kann man *stetig schließen*. Die zugehörige „neue" Funktion muss die Stetigkeitsforderung erfüllen und heißt **stetige Fortsetzung.**

Kurvendiskussion:
Rechnerische Ermittlung der Eigenschaften einer Funktion. Diese umfasst folgende Abschnitte:
1) Umfassendste Definitionsmenge, Stetigkeit, Polstellen.
2) Nullstellen: f(x) = 0.
3) Ableitungen.
4) Extrempunkte: f'(x) = 0.
5) Art des Extremums:
$f''(x) \begin{cases} > 0 \Rightarrow \text{Tiefpunkt} \\ < 0 \Rightarrow \text{Hochpunkt} \end{cases}$
6) Wendepunkte: f''(x) = 0, eventuell Wendetangente.
7) Asymptotisches Verhalten.
8) Wertetabelle, Graph.

Zusatz: (Siehe Lösungsteil, Aufgabe 9.02)
9) Monotonieverhalten.
10) Krümmungsverhalten.
11) Symmetrieeigenschaften.
12) Periodizität.

Bei den **Umkehraufgaben** wird aus gegebenen Eigenschaften der Funktion die Funktionsgleichung ermittelt.

Eigenschaft	Bedingung
Punkt	$f(x_P) = y_P$
Extrempunkt	$f'(x_E) = 0$
Wendepunkt	$f''(x_W) = 0$
Steigung k in einem Punkt	$f'(x_P) = k$

Aus den gegebenen Bedingungen stellt man ein *Gleichungssystem* auf, in dem die Koeffizienten als Unbekannte auftreten.

Eine eindeutige Lösung erhält man, wenn dieses Gleichungssystem eindeutig lösbar ist.

9 Kurvenuntersuchungen mittels Differentialrechnung

Diskussion von Polynomfunktionen 3. Grades

9.01 Diskutiere die Polynomfunktion 3. Grades $y = \frac{1}{10}(x^3 - x^2 - 16x + 16)$ und zeichne ihren Graphen im Intervall [−5; 5].

9.02 Diskutiere die Polynomfunktion 3. Grades $y = -\frac{1}{10}(x^3 + 10x^2 + 17x - 28)$ und zeichne ihren Graphen im Intervall [−8; 2].

9.03 Ermittle die **(1)** Nullstellen, **(2)** Extremwerte, **(3)** den Wendepunkt und **(4)** die Gleichung der Wendetangente von $y = ax^3 + bx^2 + cx + d$.
(5) Zeichne den Graphen.

	a	b	c	d
a)	−3	−9	0	6
b)	−2	0	6	−4
c)	−1	6	−9	4
d)	1	−1,5	−6	2
e)	2	0	−6	0
f)	3	−9	0	6

Umkehraufgaben (Steckbriefaufgaben)

9.04 Der Graph der Funktion $f: \mathbb{R} \to \mathbb{R}, y = ax^3 + bx^2 + cx + d$ hat den Extrempunkt E(1/4) und den Wendepunkt W(0/2).
Ermittle **(1)** die Funktionsgleichung von f und **(2)** die Gleichung der Wendetangente. Erstelle eine Grafik mit GeoGebra.

9.05 Der Graph der Funktion $f: \mathbb{R} \to \mathbb{R}, y = ax^3 + bx^2 + cx + d$ hat den Hochpunkt H(−1/0) und den Wendepunkt W(0/−2).
Ermittle **(1)** die Funktionsgleichung von f und **(2)** die Gleichung der Wendetangente. Erstelle eine Grafik mit GeoGebra.

9.06 Der Graph der Funktion $f: \mathbb{R} \to \mathbb{R}, y = ax^3 + bx^2 + cx + d$ geht durch den Punkt P(2/−1) und hat den Wendepunkt W(1/−2). Die Steigung der Wendetangente beträgt −1. Ermittle **(1)** die Funktionsgleichung von f und **(2)** die Extrempunkte von f. Erstelle eine Grafik mit GeoGebra.

9.07 Der Graph der Funktion $f: \mathbb{R} \to \mathbb{R}, y = ax^3 + bx^2 + cx + d$ geht durch den Punkt P(2/3) und hat den Wendepunkt W(0/1). Die Steigung der Kurve im Punkt P beträgt k = 9. Ermittle **(1)** die Funktionsgleichung und **(2)** die Extrempunkte von f. Erstelle eine Grafik mit GeoGebra.

9.08 Der Graph der Funktion $f: \mathbb{R} \to \mathbb{R}, y = ax^3 + bx^2 + cx + d$ geht durch den Nullpunkt O(0/0) und hat an der Stelle x = 1 einen Wendepunkt mit waagrechter Tangente.
Ermittle **(1)** die Funktionsgleichung und **(2)** die Gleichungen der Tangenten im Nullpunkt und Wendepunkt. Erstelle eine Grafik mit GeoGebra.

9.09 a) Zeige, dass der Graph der Funktion $f: \mathbb{R} \to \mathbb{R}, y = ax^3 + bx^2 + cx + d$
(a, b und $c \neq 0$) stets einen Wendepunkt hat und bestimme seine Koordinaten.

b) Welche Beziehung muss zwischen a und b bestehen, damit der Graph je einen Hochpunkt und Tiefpunkt besitzt?

c) Gib eine Funktionsgleichung an, welche die obigen Bedingungen erfüllt und dessen zugehöriger Graph durch $P(-2/7)$ geht.

Anwendungsaufgaben (Modellierung)

9.10 Der prozentuelle Verlauf der von einer ansteckenden Krankheit befallenen Personen lässt sich infolge medizinischer Maßnahmen annähernd durch die Polynomfunktion $E(t) = -0{,}01t^3 + 0{,}12t^2 + 0{,}1t$ modellieren.

a) Stelle den prozentuellen Verlauf graphisch dar.
b) Wann ändert sich die prozentuelle Zunahme am stärksten?
c) Nach wie vielen Tagen ist die prozentuelle Zunahme am größten und wie groß ist sie?
d) Mit welcher Gleichung könnte man jenen Zeitpunkt berechnen, bei dem es praktisch keine Neuerkrankungen mehr gibt?

9.11 Der Landschaftsquerschnitt eines Kanals mit rechts angrenzendem Erdwall kann im Intervall $[-3; 2]$ durch die Polynomfunktion $f(x) = 0{,}2 \cdot (6x - x^2 - x^3)$ modelliert werden. Dabei ist x die Entfernung und f(x) die Höhe. ($1 \,\hat{=}\, 10m$).

a) Stelle den Landschaftsquerschnitt graphisch dar.
b) Wie breit ist der Kanal und wie breit ist der Erdwall?
c) Wie tief ist der Kanal an seiner tiefsten Stelle?
d) Wo befindet sich die höchste Erhebung des Erdwalls?

9.12 Die Stadtverwaltung gibt den Bau einer Rutsche in Auftrag, die auf einem Kinderspielplatz aufgestellt werden soll. Die Herstellerfirma modelliert das seitliche Profil der Rutsche durch eine Polynomfunktion 3. Grades.
Das obere und untere Ende der Rutsche soll mit den Extrempunkten der Polynomfunktion zusammenfallen.
Die Rutsche soll 3 m lang sein und an ihrer steilsten Stelle soll der Steigungswinkel 45° betragen.

a) Ermittle die Koeffizienten der Polynomfunktion, die das seitliche Profil beschreibt.
b) Zeichne den Graphen dieser Polynomfunktion im Intervall $[0; 3]$.
c) Wie hoch wird die Rutsche sein?
d) Wo liegt die steilste Stelle der Rutsche?

Viele reale Gegebenheiten lassen sich unter Zuhilfenahme von Funktionen modellieren. Ein mathematisches Modell beschreibt die „reale Welt" im Allgemeinen in idealisierter Form, sodass das Modell übersichtlich und handhabbar bleibt.

1 Funktionsbegriff, Darstellungsformen einer Funktion

Eine Funktion ist umkehrbar, wenn sie bijektiv ist, d.h. wenn jedes Element von Y Bild von genau einem Element von X ist.

1.01 (1) und (3) sind Funktionen, weil von jedem Element von X genau ein Pfeil ausgeht, weil also jedem Element von X genau ein Element von Y zugeordnet wird. Nur die Funktion (1) ist umkehrbar.
(2) ist keine Funktion, weil von der Zahl 3 kein Pfeil ausgeht, dem Element x = 3 wird also kein Element von Y zugeordnet.
(4) ist keine Funktion, weil von der Zahl 3 zwei Pfeile ausgehen, dem Element x = 3 werden also zwei Elemente von Y zugeordnet. Die Zuordnung ist also nicht eindeutig.

1.02 (1) und (3) stellen Funktionen dar, weil jedem x-Wert genau ein y-Wert zugeordnet wird.
(2) stellt *keine* Funktion dar, weil es (mindestens) einen x-Wert gibt, dem zwei y-Werte zugeordnet werden.

1.03 a) $D_f = [-2; 4]$, $W_f = [1,2; 8,4]$
b) $f(0) = 2$, $f(2) = 2,8$
c) An der Stelle $x \approx 3,4$

1.04 a) Die erste Komponente jedes Zahlenpaares entspricht der Uhrzeit, die zweite der Temperatur.

b)

$f:$

x	y
6	-5
9	-2
12	0
15	1
18	-1
21	-4

oder $f:$

x	6	9	12	15	18	21
y	-5	-2	0	1	-1	-4

c) Punktgraph

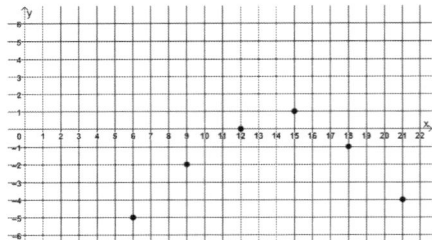

1.05

$f:$

x	y
-4	0
-2	3,6
0	1,6
1	0
3	-1,4
4	0
5	3,6

Die fehlenden Werte wurden aus der graphischen Darstellung der Funktion abgelesen.

1.06 a)

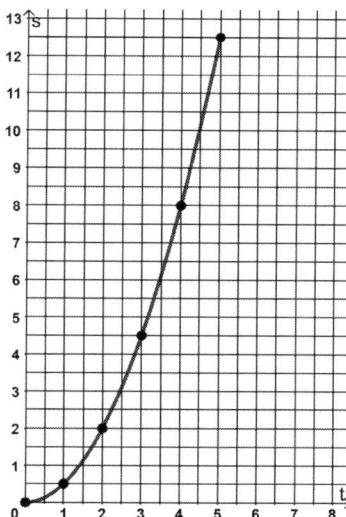

b) In der 1, 2, 3, 4, 5-fachen Zeit legt die Kugel den 1, 4, 9, 16, 25-fachen Weg zurück.

M.a.W.: Die Wege verhalten sich wie die Quadrate der Zeiten.

1.07

a) Im Zeitintervall $[0;3]$ fährt das Fahrzeug mit konstanter Geschwindigkeit.

Im Zeitintervall $[3;5]$ nimmt die Geschwindigkeit gleichmäßig zu.

Im Zeitintervall $[5;6]$ fährt das Fahrzeug mit konstanter Geschwindigkeit.

Im Zeitintervall $[6;8]$ nimmt die Geschwindigkeit gleichmäßig ab.

Im Zeitintervall $[8;10]$ fährt das Fahrzeug mit konstanter Geschwindigkeit.

Im Zeitintervall $[10;13]$ nimmt die Geschwindigkeit gleichmäßig ab.

Im Zeitpunkt t = 13 kommt das Fahrzeug zum Stillstand.

b) Berechnung der Wegstrecken:

Im Zeitintervall $[0;3]$ gilt: $3 \cdot 20 \cdot \frac{1}{60} = \frac{60}{60} = 1\,km$ (Rechteckfläche)

Im Zeitintervall $[3;5]$ gilt: $2 \cdot \frac{20+60}{2} \cdot \frac{1}{60} = \frac{80}{60} = \frac{4}{3}\,km$ (Trapezfläche)

Im Zeitintervall $[5;6]$ gilt: $1 \cdot 60 \cdot \frac{1}{60} = \frac{60}{60} = 1\,km$ (Rechteckfläche)

Im Zeitintervall $[6;8]$ gilt: $2 \cdot \frac{30+60}{2} \cdot \frac{1}{60} = \frac{90}{60} = \frac{3}{2}\,km$ (Trapezfläche)

Im Zeitintervall $[8;10]$ gilt: $2 \cdot 30 \cdot \frac{1}{60} = \frac{60}{60} = 1\,km$ (Rechteckfläche)

Im Zeitintervall $[10;13]$ gilt: $\frac{3 \cdot 30}{2} \cdot \frac{1}{60} = \frac{45}{60} = \frac{3}{4}\,km$ (Rechteckfläche)

Gesamtstrecke: $1\,km + \frac{4}{3}\,km + 1\,km + \frac{3}{2}\,km + 1\,km + \frac{3}{4}\,km = 6\frac{7}{12}\,km \approx 6{,}58\,km$

Umrechnung:

$1\,km/h = \frac{1\,km}{60\,min} = \frac{1}{60}\,km/min$

Flächenformel für das Trapez:

$A = \frac{a+c}{2} \cdot h$

Die y– Werte erhält man, indem man die x– Werte in den Funktionsterm einsetzt.

1.08 (a) Wertetabelle:

x	y
−2	3
−1	2,5
0	2
1	1,5
2	1
3	0,5

Graph:

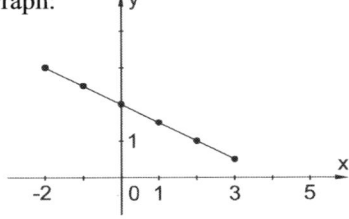

Wertemenge: $W_f = \{y \in \mathbb{R} \mid 0,5 \leq y \leq 3\} = [0,5; 3]$

(b) Wertetabelle:

x	y
0	−3
1	−1
2	1
3	3
4	5

Graph:

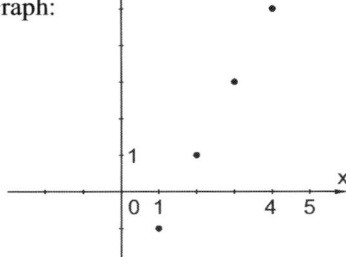

Wertemenge: $W_f = \{-3, -1, 1, 3, 5\}$

Siehe 1.08

1.09 (a) Wertetabelle:

x	y
−3	−5,5
−2	−4
−1	−2,5
0	−1
1	0,5

Graph:

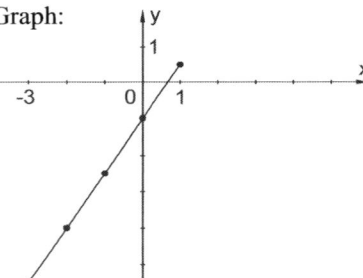

Wertemenge: $W_f = \{y \in \mathbb{R} \mid -5,5 < y \leq 0,5\} = \,]-5,5; 0,5]$

(b) Wertetabelle:

x	y
$[-1;0[$	0
$[0;1[$	1
$[1;2[$	2
$[2;3[$	3
3	4

Graph:

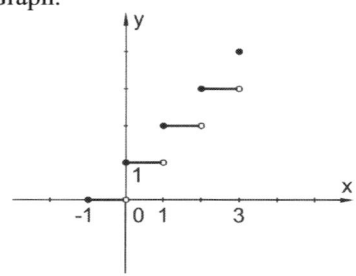

Wertemenge: $W_f = \{0, 1, 2, 3, 4\}$

1.10 (a) Der Nenner des Terms darf nicht Null sein, da die Division durch Null nicht ausführbar ist.

$3 - 2x = 0 \Leftrightarrow x = \frac{3}{2}$. Für $x = \frac{3}{2}$ ist der Term nicht definiert.

Der reellen Zahl $\frac{3}{2}$ kann durch die Zuordnungsgleichung kein Wert zugewiesen werden. Daher liegt keine Funktion vor.

$D_f = \mathbb{R} \setminus \left\{\frac{3}{2}\right\}$

(b)
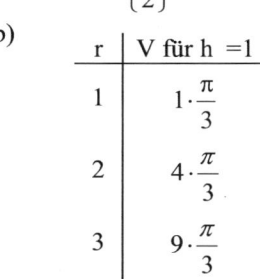

r	V für h = 1
1	$1 \cdot \frac{\pi}{3}$
2	$4 \cdot \frac{\pi}{3}$
3	$9 \cdot \frac{\pi}{3}$

Graph:
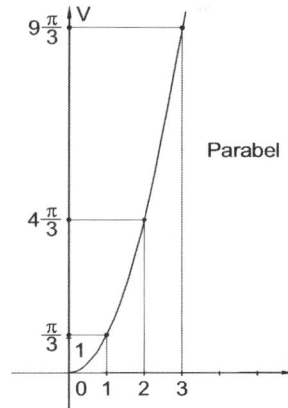

Parabel

$D_f = \mathbb{R}^+, W_f = \mathbb{R}^+$.

Die Funktion ist also vom Typ $\mathbb{R}^+ \to \mathbb{R}^+$.

Die Formel dient zur Berechnung des **Kegelvolumens**.

1.11 (a) Der Nenner des Terms darf nicht Null sein, da die Division durch Null nicht ausführbar ist.

$2x - 5 = 0 \Leftrightarrow x = \frac{5}{2}$. Für $x = \frac{5}{2}$ ist der Term nicht definiert.

Der reellen Zahl $\frac{5}{2}$ kann durch die Zuordnungsgleichung kein Wert zugewiesen werden. Daher liegt keine Funktion vor.

$D_f = \mathbb{R} \setminus \left\{\frac{5}{2}\right\}$

(b)

h	M für r = 1
1	2π
2	4π
3	6π

Graph:
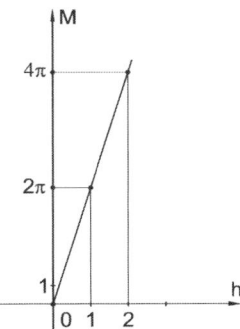

$D_f = \mathbb{R}^+, W_f = \mathbb{R}^+$.

Die Funktion ist also vom Typ $\mathbb{R}^+ \to \mathbb{R}^+$.

Die Formel dient zur Berechnung des **Zylindermantels**.

1.12
$F = G \dfrac{M \cdot m}{r^2} \;\Big|\; \cdot r^2$

$F \cdot r^2 = G \cdot M \cdot m \;\Big|\; : F \qquad\qquad G \cdot M \cdot m = F \cdot r^2 \;\Big|\; : (Mm)$

$r^2 = \dfrac{GMm}{F} \qquad\qquad\qquad\qquad G = \dfrac{Fr^2}{Mm}$

$r = \sqrt{\dfrac{GMm}{F}}$

Mache zunächst die **Formel bruchfrei**.

Siehe 1.12

$$G \cdot M \cdot m = F \cdot r^2 \mid :(Gm)$$
$$M = \frac{Fr^2}{Gm}$$

$$G \cdot M \cdot m = F \cdot r^2 \mid :(GM)$$
$$m = \frac{Fr^2}{GM}$$

1.13 $p = \dfrac{N \cdot m \cdot c^2}{V} \mid \cdot V$

$$p \cdot V = Nmc^2 \mid :p$$
$$V = \frac{Nmc^2}{p}$$

$$Nmc^2 = pV \mid :(mc^2)$$
$$N = \frac{pV}{mc^2}$$

$$Nmc^2 = pV \mid :(Nc^2)$$
$$m = \frac{pV}{Nc^2}$$

$$Nmc^2 = pV \mid :(Nm)$$
$$c^2 = \frac{pV}{Nm}$$
$$c = \sqrt{\frac{pV}{Nm}}$$

Dividiere durch den Klammerausdruck.

1.14 $V_0 \cdot (1 + \gamma t) = V \mid :(1 + \gamma t)$

$$V_0 = \frac{V}{1 + \gamma t}$$

Stelle zunächst den Klammerausdruck explizit dar.

$$V_0 \cdot (1 + \gamma t) = V \mid :V_0$$
$$1 + \gamma t = \frac{V}{V_0} \mid -1$$
$$\gamma t = \frac{V}{V_0} - 1 \mid :t$$
$$\gamma = \frac{\frac{V}{V_0} - 1}{t} = \frac{V - V_0}{V_0 t}$$

$$V_0 \cdot (1 + \gamma t) = V \mid :V_0$$
$$1 + \gamma t = \frac{V}{V_0} \mid -1$$
$$\gamma t = \frac{V}{V_0} - 1 \mid :\gamma$$
$$t = \frac{\frac{V}{V_0} - 1}{\gamma} = \frac{V - V_0}{V_0 \gamma}$$

Siehe 1.14

1.15 $m \cdot c \cdot (T_2 - T_1) = Q \mid :[c \cdot (T_2 - T_1)]$

$$m = \frac{Q}{c \cdot (T_2 - T_1)}$$

$$m \cdot c \cdot (T_2 - T_1) = Q \mid :[m \cdot (T_2 - T_1)]$$
$$c = \frac{Q}{m \cdot (T_2 - T_1)}$$

$$m \cdot c \cdot (T_2 - T_1) = Q \mid :(mc)$$
$$T_2 - T_1 = \frac{Q}{mc} \mid +T_1$$
$$T_2 = \frac{Q}{mc} + T_1$$

$$m \cdot c \cdot (T_2 - T_1) = Q \mid :(mc)$$
$$T_2 - T_1 = \frac{Q}{mc} \mid +T_1 - \frac{Q}{mc}$$
$$T_1 = T_2 - \frac{Q}{mc}$$

2 Eigenschaften von Funktionen

2.01 a) (1) monoton fallend in den Intervallen $[-2,5;-2]$ und $[0;1]$,
monoton wachsend im Intervall $[-2;0]$,
(2) beschränkt, -3 ist untere, 3 ist obere Schranke,
(3) positiv gekrümmt im Intervall $[-2,5;-1]$,
negativ gekrümmt im Intervall $[-1;1]$.

b) (1) monoton wachsend in den Intervallen $]-\infty;-2]$ und $[-1;2]$,
monoton fallend in den Intervallen $[-2;-1]$ und $[2;\infty[$,
(2) nach oben beschränkt, 10 ist obere Schranke,
(3) positiv gekrümmt in den Intervallen $]-\infty;-1]$ und $[-1;-\infty[$.

c) (1) monoton fallend in den Intervallen $]+\infty;-1]$ und $[\approx 0,2; \approx 1,5]$,
monoton wachsend in den Intervallen $[-1;\approx 0,2]$ und $[\approx 1,5;+\infty[$,
(2) nach unten beschränkt, -2 ist eine untere Schranke,
(3) positiv gekrümmt in den Intervallen $]+\infty; \approx -0,5]$ und $[1;+\infty[$.
negativ gekrümmt im Intervall $[\approx -0,5;1]$.

2.02 a) An den Stellen $-3, 2, 11$

b) In den Intervallen $[-2;0]$ und $[7;8]$

c) Im Intervall $[3;5]$

2.03 Zu zeigen ist, dass $f(-x) = f(x)$ ist.
$f(-x) = 0,5 \cdot (-x)^4 - 3 \cdot (-x)^2 - 5 = 0,5 \cdot x^4 - 3 \cdot x^2 - 5 = f(x)$

Beachte:
$(-1)^4 = 1$ und $(-1)^2 = 1$

2.04 Zu zeigen ist, dass $f(-x) = -f(x)$ ist.
$f(-x) = 0,5 \cdot (-x)^3 - 5 \cdot (-x) = -0,5 \cdot x^3 + 5 \cdot x = -(0,5 \cdot x^3 - 5 \cdot x) = -f(x)$

Beachte:
$(-1)^3 = -1$

2.05 a) $p = \dfrac{\pi}{2}$

b) $p = 2s$

2.06
Es gilt: $\cos\left(\dfrac{x}{3}\right) = \cos\left(\dfrac{x}{3} + 2\pi\right)$, da der Cosinus die Periode 2π hat.
Setzt man links statt x den Ausdruck $(x+p)$ ein, lässt sich p berechnen.
$\dfrac{x+p}{3} = \dfrac{x}{3} + 2\pi \Leftrightarrow \dfrac{x}{3} + \dfrac{p}{3} = \dfrac{x}{3} + 2\pi \Rightarrow p = 6\pi$

3 Lineare, nicht lineare und quadratische Funktionen

Wähle zwei Punkte mit genügend großem Abstand.

3.01 (1)

x	y
-3	6
3	2

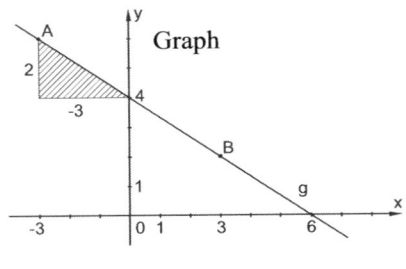

Graph

2 Punkte: A(−3/6), B(3/2).

(2) d = 4 auf der y-Achse auftragen

$k = -\dfrac{2}{3} = \dfrac{-2}{3}$ → 2 nach unten
→ 3 nach rechts

oder $= \dfrac{2}{-3}$ → 2 nach oben
→ 3 nach links

$k = \dfrac{\Delta y}{\Delta x} = \dfrac{\text{Differenz in y-Richtung}}{\text{Differenz in x-Richtung}}$

Siehe 3.01

3.02 (1)

x	y
-4	-5
4	1

Graph

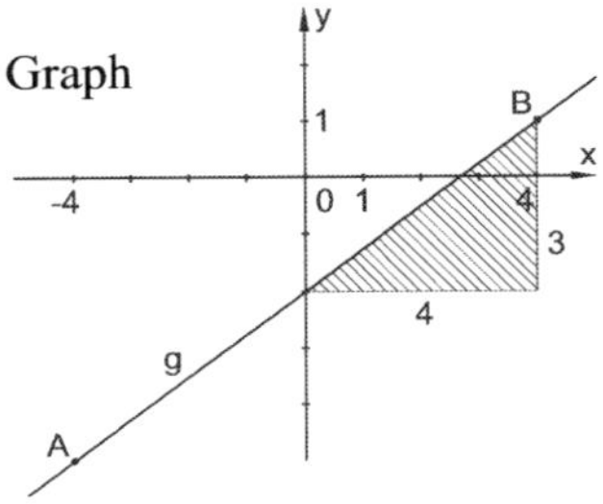

2 Punkte: A(−4/−5), B(4/1).

(2) d = −2 auf der y-Achse auftragen

$k = \dfrac{3}{4}$ → 3 nach oben
→ 4 nach rechts

Setzt man die beiden Punkte in die Funktionsgleichung $y = kx + d$ ein, erhält man ein lineares Gleichungssystem mit den Variablen k und d.

3.03 (1)

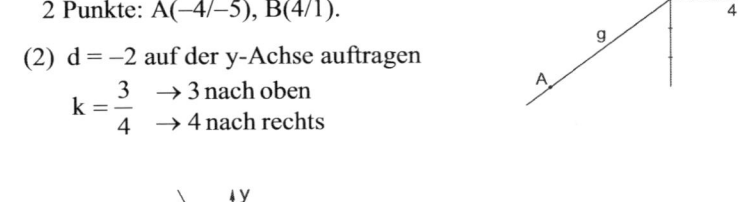

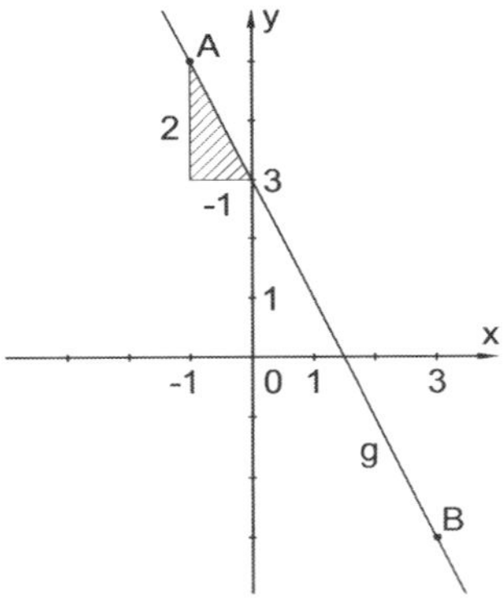

(2) $y = kx + d$

$5 = -k + d$
$-3 = 3k + d \mid \cdot (-1)$
$\overline{5 = -k + d}$
$\underline{3 = -3k - d}$
$8 = -4k$
$k = -2$
$d = 5 + k = 3$

Damit: $y = -2x + 3$

Siehe 3.03

3.04 (1)

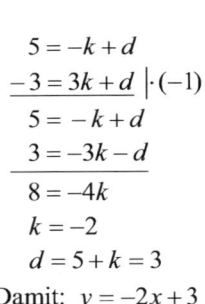

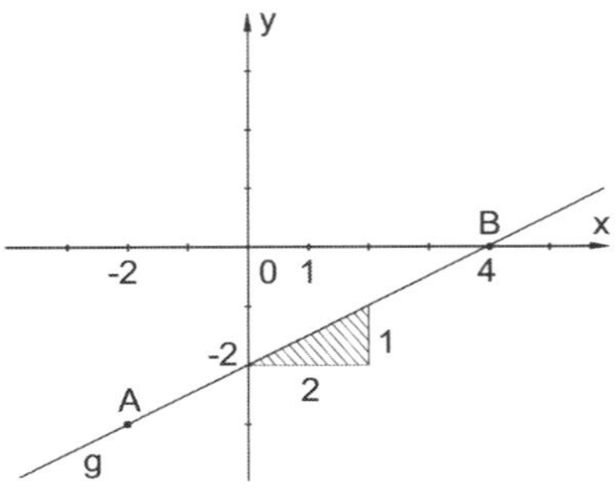

(2) $y = kx + d$
$-3 = -2k + d$
$\underline{0 = 4k + d} \mid \cdot (-1)$
$-3 = -2k + d$
$\underline{0 = -4k - d}$
$-3 = -6k$
$k = \dfrac{1}{2}$
$d = -4k = -2$

Damit: $y = \dfrac{1}{2}x - 2$

3 Lineare, nicht lineare und quadratische Funktionen | Lösungen 37

3.05 (1)

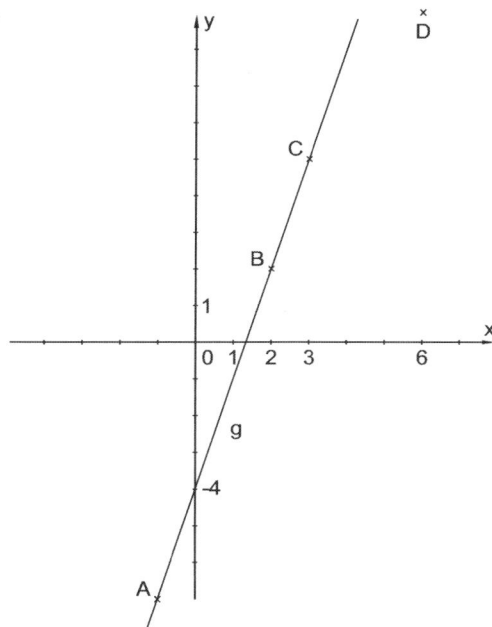

Die Punkte liegen *nicht alle* auf einer Geraden.
Daher liegt *kein* linearer Zusammenhang vor.

(2) $k_1 = \dfrac{y_C - y_B}{x_C - x_B} = \dfrac{5-2}{3-2} = 3$, $\quad k_2 = \dfrac{y_D - y_B}{x_D - x_B} = \dfrac{9-2}{6-2} = \dfrac{7}{4}$

Da $k_1 \neq k_2$ liegt kein linearer Zusammenhang vor.

3.06 (1)

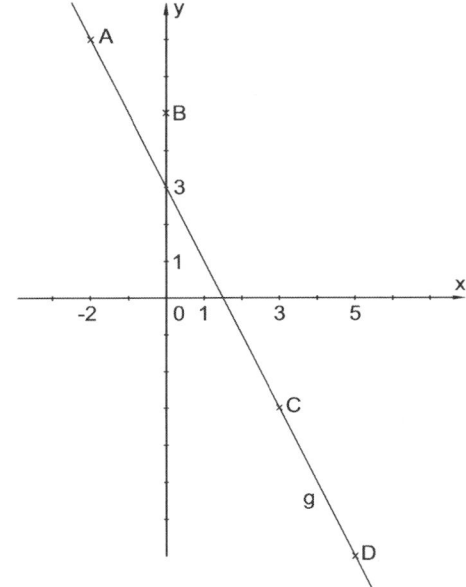

Die Punkte liegen *nicht alle* auf einer Geraden.
Daher liegt *kein* linearer Zusammenhang vor.

(2) $k_1 = \dfrac{y_B - y_A}{x_B - x_A} = \dfrac{5-7}{0+2} = -1$, $\quad k_2 = \dfrac{y_D - y_C}{x_D - x_C} = \dfrac{-7-(-3)}{5-3} = \dfrac{-4}{2} = -2$

Da $k_1 \neq k_2$ liegt kein linearer Zusammenhang vor.

38 Lösungen 3 Lineare, nicht lineare und quadratische Funktionen

Ermittle zunächst die Funktionswerte der Betragsfunktion und wende darauf die Signumfunktion an.

3.07 Wertetabelle:

x	$\lvert x+3 \rvert$	y
−5	2	−2
−4	1	−1
−3	0	0
−2	1	−1
−1	2	−2
0	3	0
1	4	4
2	5	5

Graph

An der Stelle $x = 0$ befindet sich eine Sprungstelle.

Siehe 3.07

3.08 Wertetabelle:

x	$\lvert x-2 \rvert$	y
−3	5	−5
−2	4	−4
−1	3	−3
0	2	0
1	1	1
2	0	0
3	1	1
4	2	2

Graph

An der Stelle $x = 0$ befindet sich eine Sprungstelle.

Es ergibt sich eine Funktion vom Typ $y = \dfrac{c}{x}$.

3.09 $A = \dfrac{e \cdot f}{2}$

$2A = e \cdot f$

$f = \dfrac{2A}{e} = \dfrac{36}{e}$

Wertetabelle:

e	f
2	18
4	9
6	6
9	4
10	3,6
12	3
18	2

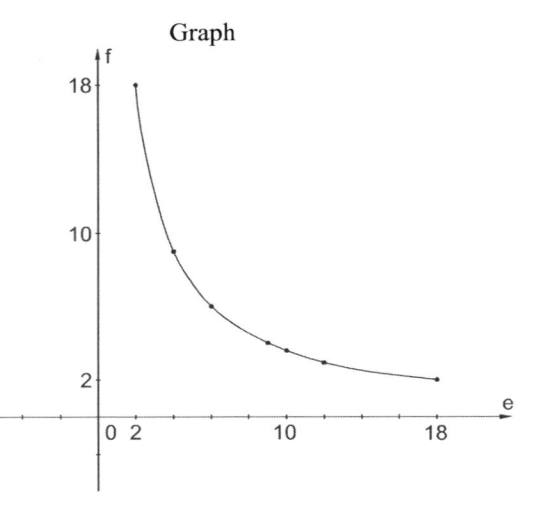

Graph

Je größer e gewählt wird, desto kleiner wird f und umgekehrt.

Der Graph ist ein Hyperbelast. Es besteht ein indirekt poportionaler Zusammenhang zwischen e und f.

3 Lineare, nicht lineare und quadratische Funktionen — Lösungen

3.10 Wertetabelle:

v	E_k	
1	0,5	$= 1 \cdot 0,5$
2	2	$= 4 \cdot 0,5$
3	4,5	$= 9 \cdot 0,5$
4	8	$= 16 \cdot 0,5$
5	12,5	$= 25 \cdot 0,5$
6	18	$= 36 \cdot 0,5$

Graph

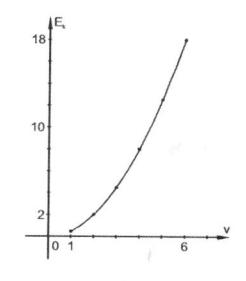

Der Graph ist ein Parabelast.

Die kinetische Energie steigt auf das 4, 9, 16, 25, 36 – fache.
Man sagt: Die kinetische Energie ist direkt proportional zum Quadrat der Geschwindigkeit.

3.11 Wertetabellen:

(a)

x	y
−5	−1,14
−4	−1,33
−3	−1,6
−2	−2
−1	−2,67
0	−4
1	−8
2	—
3	8
4	4
5	2,67
6	2
7	1,6
8	1,33

(b)

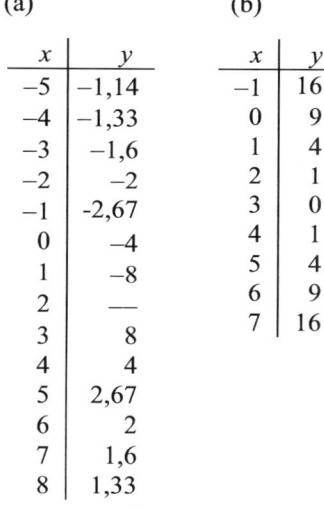

x	y
−1	16
0	9
1	4
2	1
3	0
4	1
5	4
6	9
7	16

Graphen

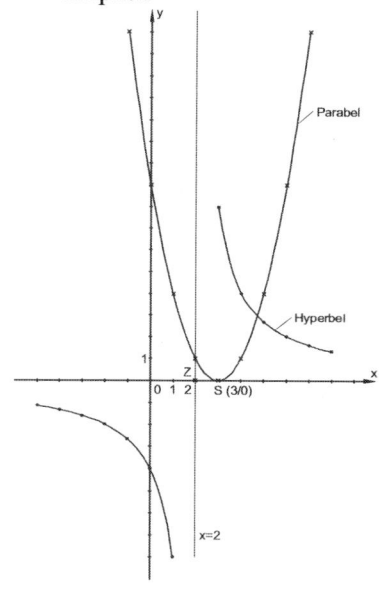

(a) Hyperbel. $D_f = \mathbb{R} \setminus \{2\}$.
An der Stelle $x = 2$ hat die Funktion eine Polstelle.
Die Geraden $y = 0$ (x–Achse) und $x = 2$ (Parallele zur y–Achse im Abstand 2) sind Asymptoten.
Zentrisch symmetrisch mit Z(2/0) als Symmetriezentrum.

Polstelle = Unendlichkeitsstelle.

Der Graph nähert sich den **Asymptoten**, ohne sie jemals zu erreichen.

(b) Parabel. $D_f = \mathbb{R}$.
Scheitel S(3/0) ist zugleich Nullstelle.
Achsensymmetrisch mit der Geraden $x = 3$ als Symmetrieachse.

3.12 (a) Parabel. $D_f = \mathbb{R}$.
Scheitel S(0/−3). Nullstellen: $N_1(-\sqrt{3}/0), N_2(\sqrt{3}/0)$.
Achsensymmetrisch mit der y–Achse als Symmetrieachse.

(b) Hyperbel. $D_f = \mathbb{R} \setminus \{1\}$.
An der Stelle $x = 1$ hat die Funktion eine Polstelle.
Die Geraden $y = 0$ (x–Achse) und $x = 1$ (Parallele zur y–Achse im Abstand 1) sind Asymptoten.
Achsensymmetrisch mit der Geraden $x = 1$ als Symmetrieachse.

Wertetabellen:

(a)

y	y
−4	13
−3	6
−2	1
−1	−2
0	−3
1	−2
2	1
3	6
4	13

(b)

x	y
−5	0,14
−4	0,2
−3	0,31
−2	0,56
−1	1,25
0	5
0,5	20
1	—
2	5
3	1,25
4	0,56
5	0,31

Graphen

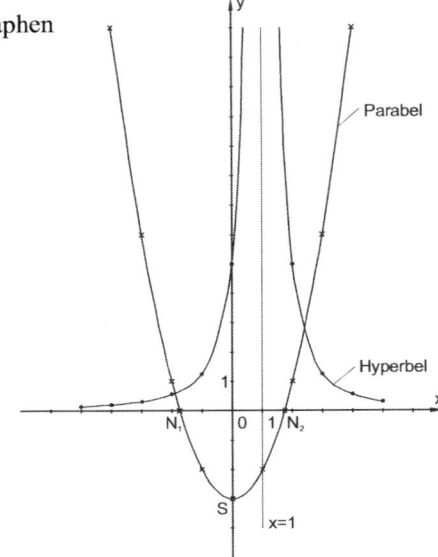

3.13 (1) $a = 1, b = 4, c = -5$

$$S\left(-\frac{b}{2a} \Big/ \frac{4ac - b^2}{4a}\right) =$$

$$S\left(-\frac{4}{2} \Big/ \frac{-20 - 16}{4}\right) = S(-2/-9)$$

Die Koordinaten des **Scheitels** lassen sich auch aus der folgenden Umformung der Funktionsgleichung ablesen:
$y = x^2 + 4x - 5 =$
$= (x+2)^2 - 9$

(2) $x^2 + 4x - 5 = 0$

$x_{1,2} = -2 \pm \sqrt{4 + 5} \quad \} = 3$

$x_1 = 1$

$x_2 = -5$

$N_1(1/0), N_2(-5/0)$

(3) Graph

(4) streng monoton
– fallend in $]-\infty; -2[$
– steigend in $]-2; \infty[$.

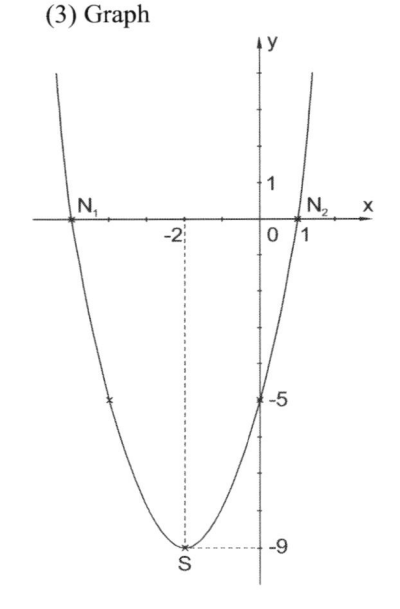

Aus Symmetriegründen ist x_s das *arithmetische Mittel* von x_1 und x_2.

3.14 (1) $p = -6a, \ q = 5a^2$

$x_{1,2} = -\frac{p}{2} \pm \sqrt{\left(\frac{p}{2}\right)^2 - q}$

$x_{1,2} = 3a \pm \sqrt{9a^2 - 5a^2} \quad \} = 2a$

$x_1 = 5a$

$x_2 = a$

$N_1(5a/0), \ N_2(a/0)$

(2) $x_s = \frac{x_1 + x_2}{2} = \frac{6a}{2} = 3a$

$3a$ in die Funktionsgleichung eingesetzt, ergibt:

$y_s = 9a^2 - 18a^2 + 5a^2 = -4a^2$

$S(3a/-4a^2)$

(3) streng monoton fallend in $]-\infty; 3a[$
streng monoton steigend in $]3a; \infty[$.

3.15 (1) $x^2 - 3 = 2x$

$x^2 - 2x - 3 = 0$

$\left. x_{1,2} = 1 \pm \sqrt{1+3} \right\} = 2$

$x_1 = 3$

$x_2 = -1$

Quadratische Gleichung lösen.

(2) Durch Umformen erhält man die Gleichung: $x^2 - 2x - 3 = 0$.
Zugehörige Funktion:
$y = f(x) = x^2 - 2x - 3$
Wertetabelle:

x	y
−3	12
−2	5
−1	0
0	−3
1	−4
2	−3
3	0
4	5

Graph

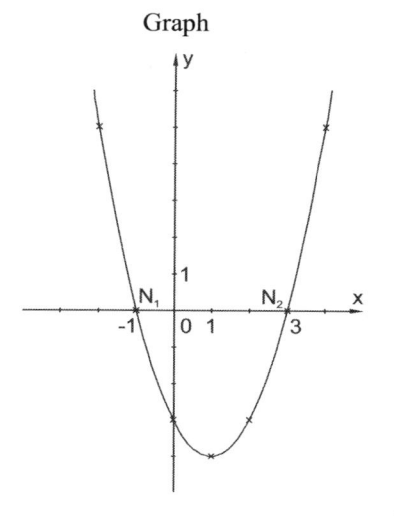

Die Lösungen einer Gleichung $f(x) = 0$ sind die Nullstellen der zugehörigen Funktion $y = f(x)$.

3.16 (1) $6 - x^2 = x$

$x^2 + x - 6 = 0$

$\left. x_{1,2} = -\frac{1}{2} \pm \sqrt{\frac{1}{4} + \frac{24}{4}} \right\} = \frac{5}{2}$

$x_1 = 2$

$x_2 = -3$

Quadratische Gleichung lösen.

(2) Die gegebene Gleichung ist vom Typ $f(x) = g(x)$
mit $f(x) = 6 - x^2$ und $g(x) = x$
Wertetabelle von $f(x)$:

x	y
−4	−10
−3	−3
−2	2
−1	5
0	6
1	5
2	2
3	−3
4	−10

Graphen

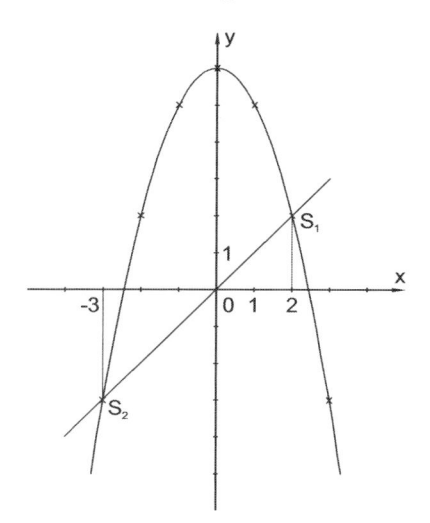

Die Lösungen einer Gleichung $f(x) = g(x)$ sind die x-Koordinaten der Schnittpunkte der zugehörigen Funktionsgraphen.

$g(x) = x$ ist die 1. Mediane.

Die Lösungen der quadratischen Gleichung sind die Nullstellen der zugehörigen quadratischen Funktion.

3.17 (1) Quadratische Funktion: $y = 2x^2 - 5x + 2$ Graph

Wertetabelle

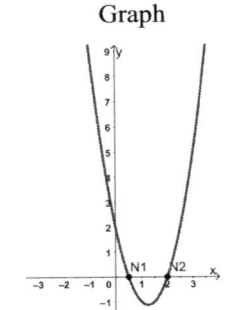

x	y
−3	35
−2	20
−1	9
0	2
1	−1
2	0
3	5
4	14

Nullstellen aus dem Graphen ablesen.

$N_1(0,5/0) \Rightarrow x_1 = 0,5; \quad N_2(2/0) \Rightarrow x_2 = 2$

(2) $2x^2 - 5x + 2 = 0$

Verwende die allgemeine Lösungsformel für quadratische Gleichungen.

$x_{1,2} = \dfrac{5 \pm \sqrt{25-16}}{4} \Big\} = \dfrac{3}{4}, \quad x_1 = 2, x_2 = 0,5$.

Siehe 3.17

3.18 (1) Quadratische Funktion: $y = -x^2 + 3x + 4$ Graph

Wertetabelle

x	y
−2	−6
−1	0
0	4
1	6
2	6
3	4
4	0
5	−6

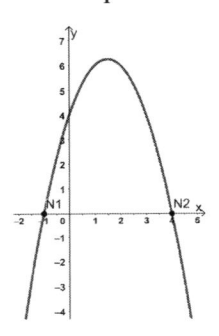

$N_1(-1/0) \Rightarrow x_1 = -1; \quad N_2(4/0) \Rightarrow x_2 = 4$

(2) $x^2 - 3x - 4 = 0$

$x_{1,2} = \dfrac{3}{2} \pm \sqrt{\dfrac{9}{4} + 4} \Big\} = \dfrac{5}{2}, \quad x_1 = 4, x_2 = -1$.

Die Lösung der gegebenen Gleichung ist die Nullstelle der zugehörigen Funktion.

3.19 (1) Funktion: $y = 0,2x^3 - 0,6x^2 + 0,8x - 3$ Graph

Wertetabelle

x	y
−2	−8,6
−1	−4,6
0	−3
1	−2,6
2	−2,2
3	−0,6
4	3,4
5	1,1

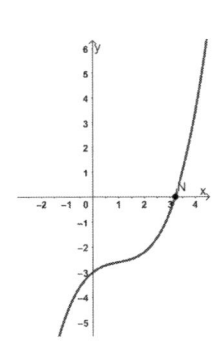

Nullstelle aus dem Graphen ablesen.

(2) $N(\approx 3,2 / 0) \Rightarrow x \approx 3,2$

Kontrolle durch Einsetzen in die Funktionsgleichung.

(3) $y(3,2) = -0,03$

4 Potenz - und Wurzelfunktionen

4.01 a) $\left(-\dfrac{1}{4}\right)^{-2} + (-2)^3 + \dfrac{(-2)^2}{4^{-1}} = \dfrac{1}{\left(-\frac{1}{4}\right)^2} + (-1)^3 \cdot 2^3 + \dfrac{(-1)^2 \cdot 2^2}{\frac{1}{4}} =$

$= \dfrac{1}{\frac{1}{16}} - 8 + \dfrac{4}{\frac{1}{4}} = 16 - 8 + 16 = 24$

b) (1) $\left(\dfrac{2x^{-2}y}{3ab^{-3}}\right)^{-3} : \left(\dfrac{3y^{-2}b^{-4}}{2xa^{-3}}\right)^2 = \left(\dfrac{3ab^{-3}}{2x^{-2}y}\right)^3 : \left(\dfrac{3y^{-2}b^{-4}}{2xa^{-3}}\right)^2 =$

$= \dfrac{27a^3b^{-9}}{8x^{-6}y^3} : \dfrac{9y^{-4}b^{-8}}{4x^2a^{-6}} = \dfrac{27a^3b^{-9}}{8x^{-6}y^3} \cdot \dfrac{4x^2a^{-6}}{9y^{-4}b^{-8}} = \dfrac{3a^{-3}b^{-9}x^2}{2b^{-8}x^{-6}y^{-1}} =$

$= \dfrac{3a^{-3}b^{-1}x^8}{2y^{-1}} = \dfrac{3x^8y}{2a^3b}$

(2) $\dfrac{a^{-1}+b^{-1}}{a+b} = \dfrac{\frac{1}{a}+\frac{1}{b}}{a+b} = \dfrac{\frac{b+a}{a \cdot b}}{a+b} = \dfrac{(a+b)}{(a+b) \cdot a \cdot b} = \dfrac{1}{a \cdot b}$

4.02 a) $\left(-\dfrac{1}{3}\right)^{-2} + (-2)^3 + \dfrac{(-3)^2}{2^{-1}} = \dfrac{1}{\left(-\frac{1}{3}\right)^2} + (-1)^3 \cdot 2^3 + \dfrac{(-1)^2 \cdot 3^2}{\frac{1}{2}} =$

$= \dfrac{1}{\frac{1}{9}} - 8 + \dfrac{9}{\frac{1}{2}} = 9 - 8 + 18 = 19$

b) (1) $\left(\dfrac{3ab^{-3}}{2x^{-2}y}\right)^3 : \left(\dfrac{2xa^{-3}}{3y^{-2}b^{-4}}\right)^{-2} = \left(\dfrac{3ab^{-3}}{2x^{-2}y}\right)^3 \cdot \left(\dfrac{2xa^{-3}}{3y^{-2}b^{-4}}\right)^2 =$

$= \dfrac{27a^3b^{-9}}{8x^{-6}y^3} \cdot \dfrac{4x^2a^{-6}}{9y^{-4}b^{-8}} = \dfrac{3a^{-3}b^{-9}x^2}{2b^{-8}x^{-6}y^{-1}} = \dfrac{3a^{-3}b^{-1}x^8}{2y^{-1}} = \dfrac{3x^8y}{2a^3b}$

(2) $(a^2 - b^2) \cdot (a-b)^{-2} = \dfrac{a^2 - b^2}{(a-b)^2} = \dfrac{(a+b) \cdot (a-b)}{(a-b) \cdot (a-b)} = \dfrac{a+b}{a-b}$

4.03 a) $\left[\left(-\dfrac{a}{3b^2}\right)^3 \cdot \left(\dfrac{2b^3}{a^2}\right)^3\right] : \left(-\dfrac{4b^3}{9a^2}\right)^2 = -\dfrac{a^3 \cdot 8b^9}{27b^6 \cdot a^6} : \dfrac{16b^6}{81a^4} =$

$= -\dfrac{a^3 \cdot 8b^9 \cdot 81a^4}{27b^6 \cdot a^6 \cdot 16b^6} = -\dfrac{3a^7b^9}{2a^6b^{12}} = -\dfrac{3a}{2b^3}$

b) $\left(\dfrac{xy^{-2}}{a^{-3}b^2}\right)^{-2} : \left(-\dfrac{a^{-1}x}{y^{-2}b^{-1}}\right)^5 = \dfrac{x^{-2}y^4}{a^6b^{-4}} : \left(-\dfrac{a^{-5}x^5}{y^{-10}b^{-5}}\right) = -\dfrac{x^{-2}y^4}{a^6b^{-4}} \cdot \dfrac{y^{-10}b^{-5}}{a^{-5}x^5} =$

$= -\dfrac{b^{-5}x^{-2}y^{-6}}{ab^{-4}x^5} = -\dfrac{1}{abx^7y^6}$

Regeln für das Rechnen mit Potenzen:

$a^r \cdot a^s = a^{r+s}$

$a^r : a^s = \dfrac{a^r}{a^s} = a^{r-s}$

$(a \cdot b)^r = a^r \cdot b^r$

$\left(\dfrac{a}{b}\right)^r = \dfrac{a^r}{b^r}$

$(a^r)^s = a^{r \cdot s}$

Für die **Umwandlung** von Potenzen mit *negativen* Hochzahlen in solche mit *positiven* Hochzahlen gilt:

$a^{-n} = \dfrac{1}{a^n}, \quad \dfrac{1}{a^{-n}} = a^n$

Beachte:
$(-1)^n = -1$ für $n \in \mathbb{N}_u$
$(-1)^n = 1$ für $n \in \mathbb{N}_g$

Mit dem Kehrwert multiplizieren. Beachte dabei:
$\dfrac{1}{a^{-n}} = a^n$

Mit dem Kehrwert multiplizieren.
Beachte:
$(-1)^3 = -1, \; (-1)^2 = 1$

Mit dem Kehrwert multiplizieren.
Beachte:
$(-1)^5 = -1$

Beachte: $(-1)^3 = -1$

Mit dem Kehrwert multiplizieren. Alles auf einen Bruchstrich.

4.04 a) $\left[\left(\dfrac{2a^4}{5x^3}\right)^2 : \left(-\dfrac{4a}{15x}\right)^2\right] \cdot \left(-\dfrac{2x^2}{a^3}\right)^3 = \left(\dfrac{4a^8}{25x^6} : \dfrac{16a^2}{225x^2}\right) \cdot \left(-\dfrac{8x^6}{a^9}\right) =$

$= -\dfrac{4a^8 \cdot 225x^2 \cdot 8x^6}{25x^6 \cdot 16a^2 \cdot a^9} = -\dfrac{18x^2}{a^3}$

b) $\left(\dfrac{x^2 y^{-3}}{a^{-1} b^4}\right)^{-2} \cdot \left(\dfrac{a^{-2} b^{-3}}{x^{-2} y^3}\right)^3 = \dfrac{x^{-4} y^6}{a^2 b^{-8}} \cdot \dfrac{a^{-6} b^{-9}}{x^{-6} y^9} = \dfrac{x^2}{a^8 b y^3}$

Regeln für das Rechnen mit Wurzeln:

$\sqrt[r]{a} \cdot \sqrt[r]{b} = \sqrt[r]{a \cdot b}$

$\sqrt[r]{a} : \sqrt[r]{b} = \sqrt[r]{\dfrac{a}{b}}$

$\left(\sqrt[r]{a}\right)^s = \sqrt[r]{a^s}$

$\sqrt[r]{a^s} = \sqrt[n \cdot r]{a^{n \cdot s}}$

$\sqrt[r]{a} \cdot \sqrt[s]{b} = \sqrt[r \cdot s]{a^s \cdot b^r}$

$\sqrt[r]{a} : \sqrt[s]{b} = \sqrt[r \cdot s]{\dfrac{a^s}{b^r}}$

$\sqrt[r]{\sqrt[s]{a}} = \sqrt[r \cdot s]{a}$

4.05 a) $\sqrt{\dfrac{a^3 x}{y^5}} : \sqrt[3]{\dfrac{ax^2}{y^4}} = \sqrt[6]{\left(\dfrac{a^3 x}{y^5}\right)^3} : \sqrt[6]{\left(\dfrac{ax^2}{y^4}\right)^2} = \sqrt[6]{\dfrac{a^9 x^3}{y^{15}}} : \sqrt[6]{\dfrac{a^2 x^4}{y^8}} =$

$= \sqrt[6]{\dfrac{a^9 x^3 y^8}{y^{15} a^2 x^4}} = \sqrt[6]{\dfrac{a^7}{xy^7}} = \sqrt[6]{\dfrac{a^6 \cdot a}{y^6 \cdot xy}} = \dfrac{a}{y}\sqrt[6]{\dfrac{a}{xy}}$

b) $\left(a^{-\frac{1}{3}} \cdot \sqrt[3]{a^{-4}}\right) : \sqrt[6]{a^2} = \left(a^{-\frac{1}{3}} \cdot a^{-\frac{4}{3}}\right) : a^{\frac{2}{6}} = a^{-\frac{5}{3}} : a^{\frac{1}{3}} = a^{-\frac{6}{3}} = a^{-2} = \dfrac{1}{a^2}$

c) $\sqrt{\sqrt[5]{36a^2}} = \sqrt[10]{36a^2} = \sqrt[5 \cdot 2]{(6a)^2} = \sqrt[5]{6a}$

Für die **Umwandlung** von Wurzeln in Potenzen gilt:

$\sqrt[n]{a} = a^{\frac{1}{n}}$

$\sqrt[r]{a^s} = a^{\frac{s}{r}}$

4.06 a) $\sqrt{\dfrac{ab^2}{c^3}} \cdot \sqrt[3]{ac^4} = \sqrt[6]{\left(\dfrac{ab^2}{c^3}\right)^3} \cdot \sqrt[6]{(ac^4)^2} = \sqrt[6]{\dfrac{a^3 b^6}{c^9}} \cdot \sqrt[6]{a^2 c^8} =$

$= \sqrt[6]{\dfrac{a^3 b^6 a^2 c^8}{c^9}} = \sqrt[6]{\dfrac{a^5 b^6}{c}} = \sqrt[6]{b^6 \cdot \dfrac{a^5}{c}} = b \cdot \sqrt[6]{\dfrac{a^5}{c}}$

b) $\left(\sqrt[3]{x^{-1}} : x^{\frac{4}{3}}\right) \cdot \sqrt[6]{x^4} = \left(x^{-\frac{1}{3}} : x^{\frac{4}{3}}\right) \cdot x^{\frac{4}{6}} = x^{-\frac{5}{3}} \cdot x^{\frac{2}{3}} = x^{-\frac{3}{3}} = x^{-1} = \dfrac{1}{x}$

c) $\sqrt[5]{x^2 \sqrt{x}} = \sqrt[5]{\sqrt{x^4 \cdot x}} = \sqrt[10]{x^5} = x^{\frac{5}{10}} = x^{\frac{1}{2}} = \sqrt{x}$

Lichtgeschwindigkeit

$c = 300000 \dfrac{km}{s}$

4.07 a) Benütze die Formel: Weg = Geschwindigkeit · Zeit

$1 \text{ Lj} = 300000 \dfrac{km}{s} \cdot 3600 s \cdot 24 \cdot 365 = 9{,}46 \cdot 10^{12} \text{ km}$

$4{,}3 \text{ Lj} = 4{,}3 \cdot 9{,}46 \cdot 10^{12} \text{ km} = 4{,}07 \cdot 10^{13} \text{ km}$

1 KB = 2^{10} Bytes

1 MB = 2^{10} KB

1 GB = 2^{10} MB

b) $20 \text{ GB} = 20 \cdot 2^{10} \text{ MB} = 20 \cdot 2^{10} \cdot 2^{10} \text{ KB} = 20 \cdot 2^{10} \cdot 2^{10} \cdot 2^{10} = 20 \cdot 2^{30} =$

$= 2 \cdot 10^{31} = 2{,}15 \cdot 10^{10}$ Bytes

4 Potenz - und Wurzelfunktionen — Lösungen 45

4.07 c) Leite zunächst eine allgemeine Formel für den Radius r her:

$$\rho = \frac{m}{V} = \frac{m}{\frac{4r^3\pi}{3}} = \frac{3m}{4r^3\pi} \quad \Big| \cdot r^3$$

$$\rho \cdot r^3 = \frac{3m}{4\pi} \quad |:\rho$$

$$r^3 = \frac{3m}{4\pi\rho}$$

$$r = \sqrt[3]{\frac{3m}{4\pi\rho}} = \sqrt[3]{\frac{3 \cdot 4{,}28\,\text{kg}}{4\pi \cdot 11{,}3\,\frac{\text{kg}}{\text{dm}^3}}} = \sqrt[3]{\frac{3 \cdot 4{,}28}{4\pi \cdot 11{,}3}}\,\text{dm}^3 \approx 0{,}449\,\text{dm} \approx 4{,}5\,\text{cm}$$

Dichte $\rho = \dfrac{m}{V} = \dfrac{\text{Masse}}{\text{Volumen}}$

4.08 a) $18 \cdot 10^9 \cdot 365 \cdot 24 \cdot 3600\,\text{s} = 5{,}68 \cdot 10^{17}\,\text{s}$

b) $\dfrac{10^{-3}\,\text{g}}{1{,}67 \cdot 10^{-24}\,\text{g}} \approx 5{,}99 \cdot 10^{20} \approx 6 \cdot 10^{20}$ Atome

c) $m = \rho \cdot V = 0{,}001293\,\dfrac{\text{g}}{\text{cm}^3} \cdot 10{,}5 \cdot 8{,}7 \cdot 3{,}4 \cdot 10^6\,\text{cm}^3 \approx 4{,}02 \cdot 10^5\,\text{g}$

$\approx 4{,}02 \cdot 10^2\,\text{kg} \approx 400\,\text{kg}$

$1\,\text{mg} = 10^{-3}\,\text{g}$

Masse = Dichte · Volumen

4.09 a) $4 \cdot \sqrt[3]{81} + 2 \cdot \sqrt[3]{108} - \sqrt[3]{32} = 4 \cdot \sqrt[3]{3^3 \cdot 3} + 2 \cdot \sqrt[3]{3^3 \cdot 4} - \sqrt[3]{2^3 \cdot 4} =$

$= 4 \cdot 3 \cdot \sqrt[3]{3} + 2 \cdot 3 \cdot \sqrt[3]{4} - 2 \cdot \sqrt[3]{4} = 12 \cdot \sqrt[3]{3} + 4 \cdot \sqrt[3]{4}$

b) $\dfrac{5\sqrt{10}}{5\sqrt{2} - 3\sqrt{5}} = \dfrac{5\sqrt{10} \cdot (5\sqrt{2} + 3\sqrt{5})}{(5\sqrt{2} - 3\sqrt{5}) \cdot (5\sqrt{2} + 3\sqrt{5})} = \dfrac{25\sqrt{20} + 15\sqrt{50}}{\underbrace{50 - 45}_{5}} =$

$= 5\sqrt{20} + 3\sqrt{50} = 5\sqrt{2^2 \cdot 5} + 3\sqrt{5^2 \cdot 2} = 10\sqrt{5} + 15\sqrt{2}$

c) $\left(5 \cdot \sqrt[3]{4}\right)^2 = 25 \cdot \sqrt[3]{16} = 25 \cdot \sqrt[3]{2^3 \cdot 2} = 25 \cdot 2 \cdot \sqrt[3]{2} = 50 \cdot \sqrt[3]{2}$

Zerlege die Radikanden in Potenzen.

Erweitere den gegebenen Bruch mit $(5\sqrt{2} + 3\sqrt{5})$

Wende im Nenner die **Formel** $(a - b) \cdot (a + b) = a^2 - b^2$ an.

4.10 a) $5 \cdot \sqrt[3]{135} - \sqrt[3]{40} + 2 \cdot \sqrt[3]{256} = 5 \cdot \sqrt[3]{3^3 \cdot 5} - \sqrt[3]{2^3 \cdot 5} + 2 \cdot \sqrt[3]{4^3 \cdot 4} =$

$= 5 \cdot 3 \cdot \sqrt[3]{5} - 2 \cdot \sqrt[3]{5} + 2 \cdot 4 \cdot \sqrt[3]{4} = 13 \cdot \sqrt[3]{5} + 8 \cdot \sqrt[3]{4}$

b) $\dfrac{2\sqrt{6}}{5\sqrt{2} + 4\sqrt{3}} = \dfrac{2\sqrt{6} \cdot (5\sqrt{2} - 4\sqrt{3})}{(5\sqrt{2} + 4\sqrt{3}) \cdot (5\sqrt{2} - 4\sqrt{3})} = \dfrac{10\sqrt{12} - 8\sqrt{18}}{\underbrace{50 - 48}_{2}} =$

$= 5\sqrt{12} - 4\sqrt{18} = 5\sqrt{2^2 \cdot 3} - 4\sqrt{3^2 \cdot 2} = 10\sqrt{3} - 12\sqrt{2}$

c) $\left(3 \cdot \sqrt[3]{9}\right)^2 = 9 \cdot \sqrt[3]{81} = 9 \cdot \sqrt[3]{3^3 \cdot 3} = 9 \cdot 3 \cdot \sqrt[3]{3} = 27 \cdot \sqrt[3]{3}$

Zerlege die Radikanden in Potenzen.

Erweitere den gegebenen Bruch mit $(5\sqrt{2} - 4\sqrt{3})$

Wende im Nenner die **Formel** $(a + b) \cdot (a - b) = a^2 - b^2$ an.

Erweitere den gegebenen Bruch mit $(2\sqrt{5}+3\sqrt{2})$

Wende im Nenner die **Formel** $(a-b)\cdot(a+b)=a^2-b^2$ an.

Wandle die Wurzeln in Potenzen um.

4.11 a) $\dfrac{5\sqrt{2}-3\sqrt{5}}{2\sqrt{5}-3\sqrt{2}} = \dfrac{(5\sqrt{2}-3\sqrt{5})\cdot(2\sqrt{5}+3\sqrt{2})}{(2\sqrt{5}-3\sqrt{2})\cdot(2\sqrt{5}+3\sqrt{2})} = \dfrac{10\sqrt{10}-30+30-9\sqrt{10}}{20-18} = \dfrac{\sqrt{10}}{2}$

b) $\left(x^{\frac{1}{2}} : \dfrac{1}{\sqrt[3]{x^2}}\right) \cdot \sqrt[6]{x^{-5}} = \left(x^{\frac{1}{2}} : x^{-\frac{2}{3}}\right) \cdot x^{-\frac{5}{6}} = x^{\frac{1}{2}-\left(-\frac{2}{3}\right)+\left(-\frac{5}{6}\right)} = x^{\frac{1}{2}+\frac{2}{3}-\frac{5}{6}} =$

$= x^{\frac{3+4-5}{6}} = x^{\frac{2}{6}} = x^{\frac{1}{3}} = \sqrt[3]{x}$

Zerlege die Radikanden in Potenzen.

c) $\sqrt[3]{250} - 2\cdot\sqrt[3]{16} = \sqrt[3]{5^3\cdot 2} - 2\cdot\sqrt[3]{2^3\cdot 2} = 5\cdot\sqrt[3]{2} - 2\cdot 2\cdot\sqrt[3]{2} = \sqrt[3]{2}$

Erweitere den gegebenen Bruch mit $(3\sqrt{5}-2\sqrt{3})$

Wende im Nenner die **Formel** $(a+b)\cdot(a-b)=a^2-b^2$ an.

4.12 a) $\dfrac{5\sqrt{3}+2\sqrt{5}}{3\sqrt{5}+2\sqrt{3}} = \dfrac{(5\sqrt{3}+2\sqrt{5})\cdot(3\sqrt{5}-2\sqrt{3})}{(3\sqrt{5}+2\sqrt{3})\cdot(3\sqrt{5}-2\sqrt{3})} = \dfrac{15\sqrt{15}+30-30-4\sqrt{15}}{45-12} =$

$= \dfrac{11\sqrt{15}}{33} = \dfrac{\sqrt{15}}{3}$

Wandle die Wurzeln in Potenzen um.

b) $\left(\dfrac{1}{\sqrt[3]{a^2}} : a^{-\frac{1}{2}}\right) \cdot \sqrt[6]{a^5} = \left(a^{-\frac{2}{3}} : a^{-\frac{1}{2}}\right) \cdot a^{\frac{5}{6}} = a^{-\frac{2}{3}-\left(-\frac{1}{2}\right)+\frac{5}{6}} = a^{-\frac{2}{3}+\frac{1}{2}+\frac{5}{6}} =$

$= a^{\frac{-4+3+5}{6}} = a^{\frac{4}{6}} = a^{\frac{2}{3}} = \sqrt[3]{a^2}$

Zerlege die Radikanden in Potenzen.

c) $2\cdot\sqrt[3]{32} - \sqrt[3]{108} = 2\cdot\sqrt[3]{2^3\cdot 4} - \sqrt[3]{3^3\cdot 4} = 2\cdot 2\cdot\sqrt[3]{4} - 3\cdot\sqrt[3]{4} = \sqrt[3]{4}$

4.13 (1) Wertetabelle   Graphen

x	f	g
-6	9	-
-5	6,25	-
-4	4	-
-3	2,25	-
-2	1	-
-1	0,25	-
0	0	0
1	0,25	2
2	1	2,8
3	2,25	3,5
4	4	4
5	6,25	4,5
6	9	4,9

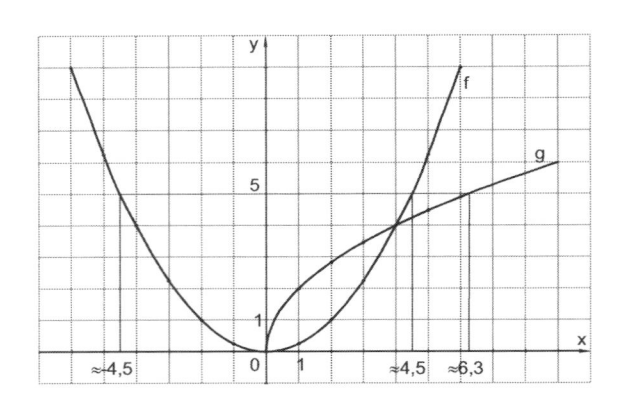

(2) $f: x \approx \pm 4{,}5$; $g: x \approx 6{,}3$ (Exakter Wert: 6,25).

(3) $D_f = \mathbb{R}, D_g = \mathbb{R}_0^+$; $W_f = W_g = \mathbb{R}_0^+$

(4) $P_1(0/0), P_2(4/4)$

(5) f: Symmetrisch zur y-Achse; streng monoton fallend in $\mathbb{R}_0^-$, steigend in $\mathbb{R}_0^+$.

g: Keine Symmetrie; streng monoton steigend in $\mathbb{R}_0^+$.

4 Potenz- und Wurzelfunktionen

4.14 (1) Wertetabelle

x	f	g
-3	27	-0,33
-2	8	-0,75
-1	1	-3
-0,75	0,42	-5,33
0	0	-
0,75	-0,42	-5,33
1	-1	-3
2	-8	-0,75
3	-27	-0,33

Graphen

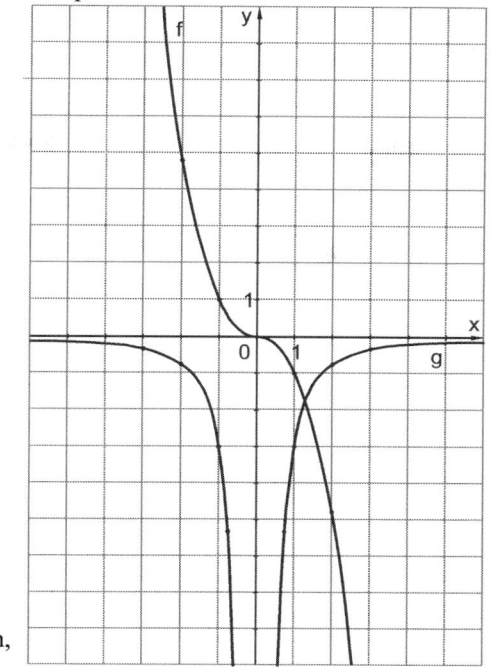

(2) $D_f = \mathbb{R}$; $D_g = \mathbb{R} \setminus \{0\}$

$W_f = \mathbb{R}$, $W_g = \mathbb{R}^-$

(3) Funktion f:
Keine Asymptoten,
Punktsymmetrisch zu O(0/0),
Streng monoton fallend in R.

Funktion g:
x- und y-Achse sind Asymptoten,
Symmetrisch zur y-Achse,
Streng monoton fallend in $\mathbb{R}^-$,
Streng monoton wachsend in $\mathbb{R}^+$.

4.15
a) Funktion f_3:
x- und y-Achse sind Asymptoten,
Symmetrisch zur y-Achse,
nur negative Funktionswerte.

b) Funktion f_6:
x- und y-Achse sind Asymptoten,
positive Funktionswerte in $\mathbb{R}^+$, negative Funktionswerte in $\mathbb{R}^-$.
Punktsymmetrisch zu O(0/0).

c) Funktion f_1:
Keine Asymptoten,
Symmetrisch zur y-Achse,
Alle Funktionswerte sind aus $\mathbb{R}_0^-$.

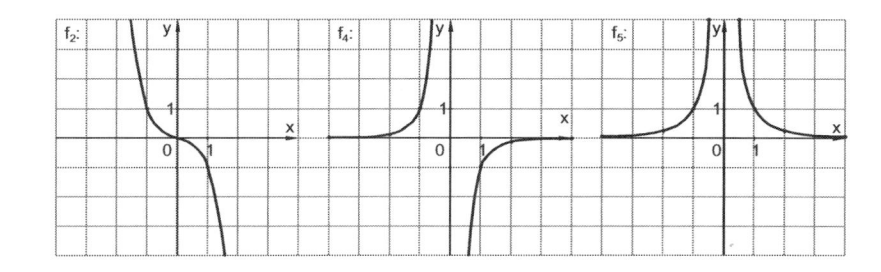

Die 3 Graphen stellen die Funktionen f_2, f_4 und f_5 dar.

Definitionsmenge bestimmen: Radikanden müssen ≥ 0 sein.

Wurzel isolieren.
Verwende die **Formel**
$(a-b)^2 = a^2 - 2ab + b^2$
Wurzel isolieren.

Verwende die **Formel**
$(a+b)^2 = a^2 + 2ab + b^2$

Quadratische Gleichung lösen:
Setze $p = -246$ und $q = 1440$ in die **Lösungsformel** ein:
$x_{1,2} = -\dfrac{p}{2} \pm \sqrt{\left(\dfrac{p}{2}\right)^2 - q}$

Nur jene *Lösungen*, die *in* D liegen und die *Probe erfüllen*, können Lösungen der gegebenen Gleichung sein.

Siehe 4.16

Setze $p = -32, q = 220$ in die obige Lösungsformel ein.

4.16 $\left.\begin{array}{l}2x+4 \geq 0 \Rightarrow x \geq -2 \\ 4x+1 \geq 0 \Rightarrow x \geq -\dfrac{1}{4}\end{array}\right\} \Rightarrow x \geq -\dfrac{1}{4} \Rightarrow D = \left[-\dfrac{1}{4}; \infty\right[$

$\sqrt{2x+4} + \sqrt{4x+1} = 9$
$\sqrt{2x+4} = 9 - \sqrt{4x+1} \quad |^2$
$2x+4 = 81 - 18\sqrt{4x+1} + 4x+1$
$18\sqrt{4x+1} = 2x + 78 \quad |:2$
$9\sqrt{4x+1} = x + 39 \quad |^2$
$81(4x+1) = x^2 + 78x + 1521$
$324x + 81 = x^2 + 78x + 1521$
$x^2 - 246x + 1440 = 0$
$x_{1,2} = 123 \pm \sqrt{123^2 - 1440} \quad\} = 117$
$x_1 = 240 \in D$
$x_2 = 6 \in D$

Probe für x_1: L.S. $= \sqrt{484} + \sqrt{961} = 53$, R.S. $= 9$; L.S. $\neq$ R.S. $\Rightarrow 240 \notin L$
Probe für x_2: L.S. $= \sqrt{16} + \sqrt{25} = 9$, R.S. $= 9$; L.S. $=$ R.S. $\Rightarrow 6 \in L$
$L = \{6\}$

4.17 $\left.\begin{array}{l}2x+5 \geq 0 \Rightarrow x \geq -\dfrac{5}{2} \\ x-6 \geq 0 \Rightarrow x \geq 6\end{array}\right\} \Rightarrow x \geq 6 \Rightarrow D = [6; \infty[$

$\sqrt{2x+5} - \sqrt{x-6} = 3$
$\sqrt{2x+5} = 3 + \sqrt{x-6} \quad |^2$
$2x+5 = 9 + 6\sqrt{x-6} + x - 6$
$6\sqrt{x-6} = x + 2 \quad |^2$
$36(x-6) = x^2 + 4x + 4$
$36x - 216 = x^2 + 4x + 4$
$x^2 - 32x + 220 = 0$
$x_{1,2} = 16 \pm \sqrt{16^2 - 220} \quad\} = 6$
$x_1 = 22 \in D$
$x_2 = 10 \in D$

Probe für x_1: L.S. $= \sqrt{49} - \sqrt{16} = 3$, R.S. $= 3$; L.S. $=$ R.S. $\Rightarrow 22 \in L$
Probe für x_2: L.S. $= \sqrt{25} - \sqrt{4} = 3$, R.S. $= 3$; L.S. $=$ R.S. $\Rightarrow 10 \in L$
$L = \{10, 22\}$

4.18
$$x+3 \geq 0 \Rightarrow x \geq -3$$
$$x+10 \geq 0 \Rightarrow x \geq -10$$
$$4x+25 \geq 0 \Rightarrow x \geq -\tfrac{25}{4}$$
$$\Rightarrow x \geq -3 \Rightarrow D = [-3; \infty[$$

Definitionsmenge bestimmen.
Radikanden müssen ≥ 0 sein.

$$\sqrt{x+3} + \sqrt{x+10} = \sqrt{4x+25} \quad \big|\,^2$$
$$x+3 + 2\sqrt{(x+3)(x+10)} + x+10 = 4x+25$$
$$2\sqrt{(x+3)(x+10)} = 2x+12 \quad \big|\,:2$$
$$\sqrt{(x+3)(x+10)} = x+6 \quad \big|\,^2$$
$$x^2 + 13x + 30 = x^2 + 12x + 36$$
$$13x + 30 = 12x + 36$$
$$x = 6 \in D$$

Verwende die **Formel**
$(a+b)^2 = a^2 + 2ab + b^2$

Wurzel isolieren.

Probe: L.S. $= \sqrt{9} + \sqrt{16} = 7$, R.S. $= \sqrt{49} = 7$; L.S. $=$ R.S. $\Rightarrow 6 \in L$

$L = \{6\}$

4.19
$$4x+1 \geq 0 \Rightarrow x \geq -\tfrac{1}{4}$$
$$x+3 \geq 0 \Rightarrow x \geq -3$$
$$x-2 \geq 0 \Rightarrow x \geq 2$$
$$\Rightarrow x \geq 2 \Rightarrow D = [2 : \infty[$$

Siehe 4.18

$$\sqrt{4x+1} - \sqrt{x+3} = \sqrt{x-2} \quad \big|\,^2$$
$$4x+1 - 2\sqrt{(4x+1)(x+3)} + x+3 = x-2$$
$$-2\sqrt{(4x+1)(x+3)} = -4x-6 \quad \big|\,:(-2)$$
$$\sqrt{(4x+1)(x+3)} = 2x+3 \quad \big|\,^2$$
$$4x^2 + 13x + 3 = 4x^2 + 12x + 9$$
$$13x + 3 = 12x + 9$$
$$x = 6 \in D$$

Probe: L.S. $= \sqrt{25} - \sqrt{9} = 2$, R.S. $= \sqrt{4} = 2$; L.S. $=$ R.S. $\Rightarrow 6 \in L$

$L = \{6\}$

4.20
$$3-2x \geq 0 \Rightarrow x \leq \tfrac{3}{2}$$
$$19-10x \geq 0 \Rightarrow x \leq \tfrac{19}{10}$$
$$2-x \geq 0 \Rightarrow x \leq 2$$
$$\Rightarrow x \leq \tfrac{3}{2} \Rightarrow D = \left]-\infty; \tfrac{3}{2}\right]$$

Definitionsmenge bestimmen.
Radikanden müssen ≥ 0 sein.

Verwende die **Formel**
$(a+b)^2 = a^2 + 2ab + b^2$
Wurzel isolieren.

Verwende die **Formel**
$(a-b)^2 = a^2 - 2ab + b^2$

Quadratische Gleichung lösen:
Setze p = –3 und q = 2 in die **Lösungsformel** ein:

$$x_{1,2} = -\frac{p}{2} \pm \sqrt{\left(\frac{p}{2}\right)^2 - q}$$

Siehe 4.20

Setze p = –5 und q = 6 in die obige **Lösungsformel** ein:

4.20 (Fortsetzung)

$$\sqrt{3-2x} + \sqrt{19-10x} = 4 \cdot \sqrt{2-x} \quad \big|^2$$
$$3 - 2x + 2\sqrt{(3-2x)(19-10x)} + 19 - 10x = 16(2-x)$$
$$2\sqrt{(3-2x)(19-10x)} = 10 - 4x \,|\, :2$$
$$\sqrt{(3-2x)(19-10x)} = 5 - 2x \,\big|^2$$
$$57 - 68x + 20x^2 = 25 - 20x + 4x^2$$
$$16x^2 - 48x + 32 = 0 \,|\, :16$$
$$x^2 - 3x + 2 = 0$$
$$x_{1,2} = \frac{3}{2} \pm \sqrt{\frac{9}{4} - 2} \bigg\} = \frac{1}{2}$$
$$x_1 = 2 \notin D$$
$$x_2 = 1 \in D$$

Probe für $x_2 = 1$: L.S. $= \sqrt{1} + \sqrt{9} = 4$, R.S. $= 4\sqrt{1} = 4$; L.S. = R.S. $\Rightarrow 1 \in L$

$L = \{1\}$

4.21
$$\left.\begin{array}{l} 5 - 2x \geq 0 \Rightarrow x \leq \frac{5}{2} \\ 29 - 10x \geq 0 \Rightarrow x \leq \frac{29}{10} \\ 3 - x \geq 0 \Rightarrow x \leq 3 \end{array}\right\} \Rightarrow x \leq \frac{5}{2} \Rightarrow D = \left]-\infty; \frac{5}{2}\right]$$

$$\sqrt{5-2x} - \sqrt{29-10x} = 4 \cdot \sqrt{3-x} \,\big|^2$$
$$5 - 2x - 2\sqrt{(5-2x)(29-10x)} + 29 - 10x = 16(3-x)$$
$$2\sqrt{(5-2x)(29-10x)} = 14 - 4x \,|\, :2$$
$$\sqrt{(5-2x)(29-10x)} = 7 - 2x \,\big|^2$$
$$145 - 108x + 20x^2 = 49 - 28x + 4x^2$$
$$16x^2 - 80x + 96 = 0 \,|\, :16$$
$$x^2 - 5x + 6 = 0$$
$$x_{1,2} = \frac{5}{2} \pm \sqrt{\frac{25}{4} - 6} \bigg\} = \frac{1}{2}$$
$$x_1 = 3 \notin D$$
$$x_2 = 2 \in D$$

Probe $x_2 = 2$: L.S. $= \sqrt{1} - \sqrt{9} = -2$, R.S. $= 4\sqrt{1} = 4$; L.S. $\neq$ R.S. $\Rightarrow 2 \notin L$

$L = \{\ \}$

5 Polynomfunktionen

5.01 a) (1) $(4u^2 - 3v^3)^2 = (4u^2)^2 - 2 \cdot (4u^2) \cdot (3v^3) + (3v^3)^2 =$
$$= 16u^4 - 24u^2v^3 + 9v^6$$

Verwende die **Formel** $(a-b)^2 = a^2 - 2ab + b^2$

(2) $(4a^3 - 3a^2b - 5ab^2 - b^3) \cdot (a^2 - 4ab - 2b^2) =$
$= 4a^5 - 3a^4b - 5a^3b^2 - a^2b^3$
$\quad\quad -16a^4b + 12a^3b^2 + 20a^2b^3 + 4ab^4$
$\quad\quad\quad\quad -8a^3b^2 + 6a^2b^3 + 10ab^4 + 2b^5$
$\overline{= 4a^5 - 19a^4b - a^3b^2 + 25a^2b^3 + 14ab^4 + 2b^5}$

Multipliziere jedes Glied der 1. Klammer mit jedem Glied der 2. Klammer und schreibe die gleichnamigen Glieder untereinander.

b) $24x^7y^5 - 33x^4y^8 = 3x^4y^5 \cdot (8x^3 - 11y^3)$

Hebe den gemeinsamen Faktor $3x^4y^5$ heraus.

c) $\dfrac{x^{n+1} - x^{n-1}}{x^n + x^{n-1}} = \dfrac{x^{n-1} \cdot (x^2 - 1)}{x^{n-1} \cdot (x+1)} = \dfrac{(x-1) \cdot (x+1)}{x+1} = x - 1$

Hebe zunächst den gemeinsamen Faktor x^{n-1} heraus.

d) $a^4 - 16b^4 = (a^2)^2 - (4b^2)^2 = (a^2 - 4b^2) \cdot (a^2 + 4b^2) =$
$= (a - 2b) \cdot (a + 2b) \cdot (a^2 + 4b^2)$

Verwende die **Formel** $a^2 - b^2 = (a-b) \cdot (a+b)$

5.02 a) (1) $(3x^2 + 2y^3)^3 = (3x^2)^3 + 3 \cdot (3x^2)^2 \cdot (2y^3) + 3 \cdot (3x^2) \cdot (2y^3)^2 + (2y^3)^3 =$
$= 27x^6 + 3 \cdot 9x^4 \cdot 2y^3 + 3 \cdot 3x^2 \cdot 4y^6 + 8y^9 =$
$= 27x^6 + 54x^4y^3 + 36x^2y^6 + 8y^9$

Verwende die **Formel** $(a+b)^3 = a^3 + 3a^2b + 3ab^2 + b^3$

(2) $(a^3 - a^2b + ab^2 - b^3) \cdot (a+b) =$
$= a^4 - a^3b + a^2b^2 - ab^3$
$\quad\quad + a^3b - a^2b^2 + ab^3 - b^4$
$\overline{= a^4 - b^4}$

Multipliziere jedes Glied der 1. Klammer mit jedem Glied der 2. Klammer und schreibe die gleichnamigen Glieder untereinander.

b) $18u^{2n+1} + 36u^{2n}v^2 = 18u^{2n} \cdot (u + 2v^2)$

Hebe den gemeinsamen Faktor $18u^{2n}$ heraus.

c) $(a^4 - b^4) : (a+b) = \dfrac{(a^2 - b^2) \cdot (a^2 + b^2)}{a+b} = \dfrac{(a+b) \cdot (a-b) \cdot (a^2 + b^2)}{a+b} =$
$= (a-b) \cdot (a^2 + b^2) = a^3 - a^2b + ab^2 - b^3$

Zerlege zunächst $a^4 - b^4$ in ein Produkt von Binomen.

Probe: L.S.: $(2^4 - 1^4) : (2+1) = 15 : 3 = 5$
R.S.: $2^3 - 2^2 \cdot 1 + 2 \cdot 1^2 - 1^3 = 8 - 4 + 2 - 1 = 5$
L.S. = R.S.

Schrittweise Division:
$4x^5 : x^2 = 4x^3$
$\underline{(x^2 + x + 1) \cdot 4x^3}$
$-5x^4 : x^2 = -5x^2$
$\underline{(x^2 + x + 1) \cdot (-5x^2)}$
$3x^3 : x^2 = 3x$
$\underline{(x^2 + x + 1) \cdot (3x)}$
$x^2 : x^2 = 1$
$\underline{(x^2 + x + 1) \cdot 1}$

Ausmultiplizieren und die gleichnamigen Glieder untereinander schreiben.

5.03

$(4x^5 - x^4 + 2x^3 - x^2 + 4x + 1) : (x^2 + x + 1) = 4x^3 - 5x^2 + 3x + 1$
$\quad \underline{\pm 4x^5 \pm 4x^4 \pm 4x^3}$
$\quad\quad\quad\quad -5x^4 - 2x^3 - x^2$
$\quad\quad\quad\quad \underline{\mp 5x^4 \mp 5x^3 \mp 5x^2}$
$\quad\quad\quad\quad\quad\quad\quad 3x^3 + 4x^2 + 4x$
$\quad\quad\quad\quad\quad\quad\quad \underline{\pm 3x^3 \pm 3x^2 \pm 3x}$
$\quad\quad\quad\quad\quad\quad\quad\quad\quad\quad x^2 + x + 1$
$\quad\quad\quad\quad\quad\quad\quad\quad\quad\quad \underline{\pm x^2 \pm x \pm 1}$
$\quad\quad\quad\quad\quad\quad\quad\quad\quad\quad\quad 0 \text{ Rest}$

Kontrolle:

$(4x^3 - 5x^2 + 3x + 1) \cdot (x^2 + x + 1) =$
$= 4x^5 - 5x^4 + 3x^3 + x^2$
$\quad\quad + 4x^4 - 5x^3 + 3x^2 + x$
$\quad\quad\quad\quad\quad + 4x^3 - 5x^2 + 3x + 1$
$\overline{= 4x^5 - x^4 + 2x^3 - x^2 + 4x + 1}$

Schrittweise Division:
$x^5 : x^2 = x^3$
$\underline{(x^2 + 2y^2) \cdot x^3}$
$-3x^4 y : x^2 = -3x^2 y$
$\underline{(x^2 + 2y^2) \cdot (-3x^2 y)}$
$2x^3 y^2 : x^2 = 2xy^2$
$\underline{(x^2 + 2y^2) \cdot (2xy^2)}$
$-x^2 y^3 : x^2 = -y^3$
$\underline{(x^2 + 2y^2) \cdot (-y^3)}$

Ausmultiplizieren und die gleichnamigen Glieder untereinander schreiben.

5.04

$(x^5 - 3x^4 y + 4x^3 y^2 - 7x^2 y^3 + 4xy^4 - 2y^5) : (x^2 + 2y^2) = x^3 - 3x^2 y + 2xy^2 - y^3$
$\quad \underline{\pm x^5 \quad\quad\quad \pm 2x^3 y^2}$
$\quad\quad\quad -3x^4 y + 2x^3 y^2$
$\quad\quad\quad \underline{\mp 3x^4 y \quad\quad\quad \mp 6x^2 y^3}$
$\quad\quad\quad\quad\quad\quad 2x^3 y^2 - x^2 y^3$
$\quad\quad\quad\quad\quad\quad \underline{\pm 2x^3 y^2 \quad\quad\quad \pm 4xy^4}$
$\quad\quad\quad\quad\quad\quad\quad\quad -x^2 y^3 \quad\quad -2y^5$
$\quad\quad\quad\quad\quad\quad\quad\quad \underline{\mp x^2 y^3 \quad\quad \mp 2y^5}$
$\quad\quad\quad\quad\quad\quad\quad\quad\quad\quad 0 \text{ Rest}$

Kontrolle:

$(x^3 - 3x^2 y + 2xy^2 - y^3) \cdot (x^2 + 2y^2) =$
$= x^5 - 3x^4 y + 2x^3 y^2 - x^2 y^3$
$\quad\quad\quad + 2x^3 y^2 - 6x^2 y^3 + 4xy^4 - 2y^5$
$\overline{= x^5 - 3x^4 y + 4x^3 y^2 - 7x^2 y^3 + 4xy^4 - 2y^5}$

5.05

a) $f(0) = 0 - 0 + 3 = 3$
$f(1) = 2 \cdot (1)^2 - 7 \cdot (1) + 3 = 2 - 7 + 3 = -2$
$f(2) = 2 \cdot (2)^2 - 7 \cdot (2) + 3 = 8 - 14 + 3 = -3$
$f(3) = 2 \cdot (3)^2 - 7 \cdot (3) + 3 = 18 - 21 + 3 = 0$

b) Graph

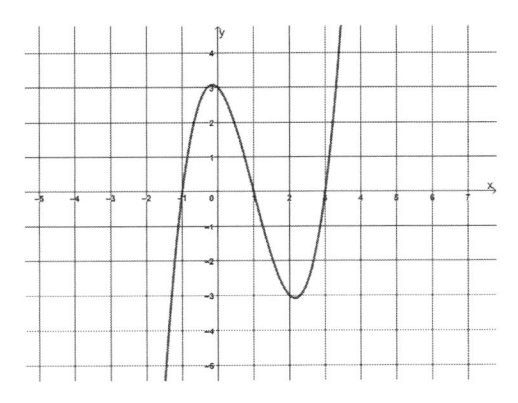

In die Funktionsgleichung werden der Reihe nach die Werte 0, 1, 2 und 3 eingesetzt.

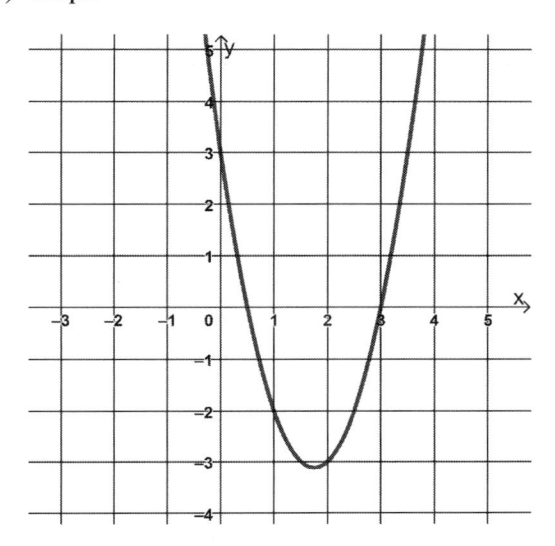

5.06

a) Verwende das HORNER-Schema:

x_i \ a_i	1	-3	-1	3
-1	1	$-4^{1)}$	$3^{2)}$	$0^{3)}$
0	1	-3	-1	3
1	1	-2	-3	0
2	1	-1	-3	-3
3	1	0	-1	0

b) Graph

Hinweise zum HORNER-Schema:

(1) In der ersten Zeile stehen die Koeffizienten der algebraischen Gleichung.

(2) Berechnungen:

1) $-1 \cdot 1 + (-3) = -4$

2) $-1 \cdot (-4) + (-1) = 3$

3) $-1 \cdot (3) + 3 = 0$

5.07

Ermittle die Lösungen der Gleichung $3x^2 + 4x - 4 = 0$ in $\mathbb{R}$

$$x_{1,2} = \frac{-4 \pm \sqrt{16 + 48}}{6} = \frac{-4 \pm \sqrt{64}}{6} = \frac{-4 \pm 8}{6}$$

$$x_1 = \frac{4}{6} = \frac{2}{3}; \ x_2 = -\frac{12}{6} = -2$$

Damit: $N_1\left(\frac{2}{3}/0\right), N_2(-2/0)$

5.08

$x = 6$ ist wegen $(216 - 108 - 96 - 12 = 0)$ eine Nullstelle.
Abspalten des Linearfaktors $(x - 6)$ führt auf eine quadratische Gleichung.

Polynomdivision durchführen.

$$(x^3 - 3x^2 - 16x - 12) : (x - 6) = x^2 + 3x + 2$$
$$\underline{\pm x^3 \mp 6x^2}$$
$$\quad\quad 3x^2 - 16x$$
$$\quad\quad \underline{\pm 3x^2 \mp 18x}$$
$$\quad\quad\quad\quad 2x - 12$$
$$\quad\quad\quad\quad \underline{\mp 2x \mp 12}$$
$$\quad\quad\quad\quad\quad\quad 0$$

$x^2 + 3x + 2 = 0$

$$x_{1,2} = -\frac{3}{2} \pm \sqrt{\frac{9}{4} - 2} = -\frac{3}{2} \pm \sqrt{\frac{1}{4}} = -\frac{3}{2} \pm \frac{1}{2}$$

$$x_1 = -\frac{2}{2} = -1,$$

$$x_2 = -\frac{4}{2} = -2$$

Damit: $N_1(-2/0), N_2(-1/0), N_3(6/0)$

5.09 Als ganzzahlige Lösungen kommen in Frage $\{\pm 1, \pm 2, \pm 4, \pm 8 \pm 16\}$.

Durch Probieren erhält man die Lösungen $x_1 = 1$ und $x_2 = -1$.

Spaltet man das Produkt der Linearfaktoren $(x - 1) \cdot (x + 1) = x^2 - 1$ ab, so erhält man eine quadratische Gleichung mit den weiteren Lösungen.

Polynomdivision durchführen.

$$(2x^4 - 4x^3 - 18x^2 + 4x + 16) : (x^2 - 1) = 2x^2 - 4x - 16$$
$$\underline{\pm 2x^4 \quad\quad \mp 2x^2}$$
$$\quad\quad -4x^3 - 16x^2 + 4x$$
$$\quad\quad \underline{\mp 4x^3 \quad\quad \pm 4x}$$
$$\quad\quad\quad\quad -16x^2 \quad\quad + 16$$
$$\quad\quad\quad\quad \underline{\mp 16x^2 \quad\quad \pm 16}$$
$$\quad\quad\quad\quad\quad\quad\quad 0$$

5.09 (Fortsetzung)

$$2x^2 - 4x - 16 = 0 \,|\, :2$$
$$x^2 - 2x - 8 = 0$$
$$x_{3,4} = 1 \pm \sqrt{1+8} = 1 \pm \sqrt{9} = 1 \pm 3$$
$$x_3 = 4, x_4 = -2$$

Damit: $N_1(-2/0), N_2(-1/0), N_3(1/0), N_4(4/0)$

5.10

a) Die Funktion verläuft von $+\infty$ nach $+\infty$.
Im Punkt A schneidet sie die x-Achse, sie hat dort eine einfache Nullstelle.
Im Punkt B berührt sie die x-Achse, sie hat dort eine 3-fach zu zählende Nullstelle.
Im Punkt C besitzt sie einen Tiefpunkt. Im Punkt D schneidet sie die y- Achse.
Sie besitzt 2 Wendepunkte. (D und B).

b) $A(-1|0), B(1|0), C(-0,5|\approx 1,7), D(0|-1)$.

5.11

a) Beide Graphen haben die Punkte $(-1|0)$ und $(2|0)$ gemeinsam.

b) Die Aussagen (3) und (6) sind falsch.

Zu 5.11b)
- Der linke Graph besitzt einen Tiefpunkt, der rechte zwei.
- Beide Graphen berühren die x-Achse an der Stelle –1.

5.12

a) Die zugehörige Funktion besitzt 3 verschiedene Nullstellen.
An der Stelle –1 berührt der Graph die x-Achse. Diese Stelle ist eine doppelt zu zählende Nullstelle.
An den Stellen 1 und 2 schneidet der Graph die x-Achse. Diese Stellen sind einfache Nullstellen.

b) Der Graph berührt die x-Achse einmal an der Stelle –1.

c) Der Graph schneidet die x-Achse zweimal, und zwar an den Stellen 1 und 2.

d) In den offenen Intervallen $]-\infty;-1[$, $]-1;1[$ und $]2;+\infty[$ sind die Funktionswerte positiv. Im offenen Intervall $]1;2[$ sind die Funktionswerte negativ.

e) An den Stellen –1, 1 und 2 sind die Funktionswerte gleich Null.
Es gilt: $N_1(-1|0), N_2(1|0), N_3(2|0)$.

f) Es gibt *keine* Stellen, an denen der Funktionswert kleiner als –1 ist.

g) Es gibt 2 Wendepunkte, der erste liegt im offenen Intervall $]-1;0[$, der andere liegt im offenen Intervall $]0,5;1,5[$.

6 Exponential - und Logarithmusfunktionen

6.01 Wertetabellen:

x	2^x	$\left(\frac{1}{2}\right)^x$	3^{-x}	$\left(\frac{1}{3}\right)^{-x}$
−4	0,06	16,00	81,00	0,01
−3	0,13	8,00	27,00	0,04
−2	0,25	4,00	9,00	0,11
−1	0,50	2,00	3,00	0,33
0	1,00	1,00	1,00	1,00
1	2,00	0,50	0,33	3,00
2	4,00	0,25	0,11	9,00
3	8,00	0,13	0,04	27,00
4	16,00	0,06	0,01	81,00

Graphen:

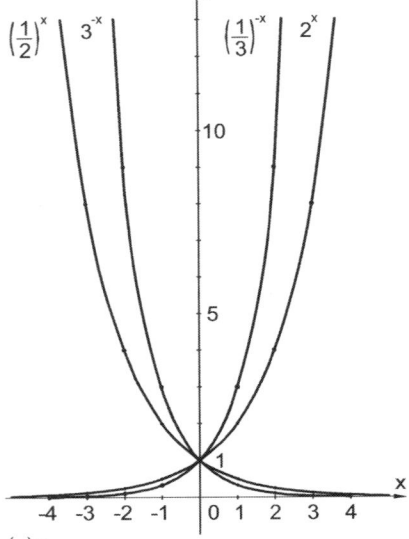

Wichtige Eigenschaften:
(1) Graphen oberhalb der x–Achse.
(2) Alle Graphen enthalten P(0/1).
(3) Die x-Achse ist Asymptote.
(4) Die Graphen der Funktionen 2^x und $\left(\frac{1}{2}\right)^x$ bzw. 3^{-x} und $\left(\frac{1}{3}\right)^{-x}$ liegen symmetrisch zur y-Achse.
(5) 2^x und $\left(\frac{1}{3}\right)^{-x}$ sind streng monoton wachsend.
(6) $\left(\frac{1}{2}\right)^x$ und 3^{-x} sind streng monoton fallend.

Bemerkung:
Für 2^x und $\left(\frac{1}{3}\right)^{-x}$ ist die *negative* x-Achse Asymptote, für $\left(\frac{1}{2}\right)^x$ und 3^{-x} ist die *positive* x-Achse Asymptote.

6.02 Wertetabellen:

x	$2^{0,5x}$	$e^{0,5x}$	$10^{0,5x}$
−5	0,18	0,08	0,003
−4	0,25	0,14	0,01
−3	0,35	0,22	0,03
−2	0,50	0,37	0,10
−1	0,71	0,61	0,32
0	1,00	1,00	1,00
1	1,41	1,65	3,16
2	2,00	2,72	10,00
3	2,83	4,48	31,62
4	4,00	7,39	100,00
5	5,66	12,18	316,23

Graphen:

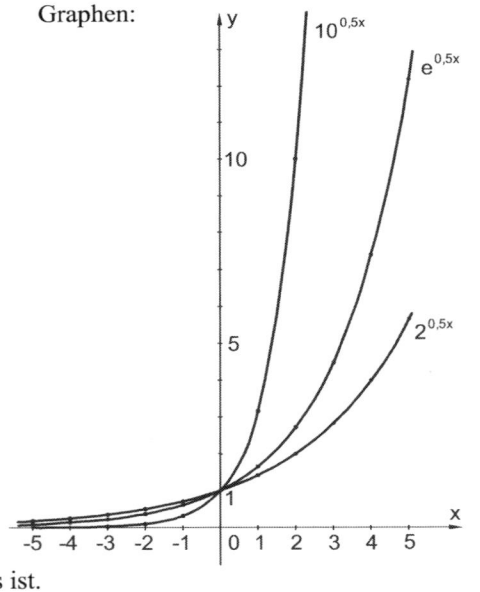

Wichtige Eigenschaften:
(1) Alle Funktionen sind streng monoton wachsend, und zwar umso steiler, je größer die Basis ist.
(2) Alle Graphen liegen oberhalb der x-Achse.
(3) Die negative x-Achse ist Asymptote.
(4) Alle Funktionen gehen durch P(0/1).

Gesuchte Funktionsgleichungen:

$$y = \left(\frac{1}{2}\right)^{0,5x} = 2^{-0,5x} \quad ; \quad y = \left(\frac{1}{e}\right)^{0,5x} = e^{-0,5x} \quad ; \quad y = \left(\frac{1}{10}\right)^{0,5x} = 10^{-0,5x}$$

6 Exponential - und Logarithmusfunktionen — Lösungen 57

6.03 a) Setze in das Wachstumsgesetz: ein:
$$B_t = B_0 \cdot a^t$$
$$B_{2050} = B_{2000} \cdot a^{50}$$
$$9,2 = 6 \cdot a^{50}$$
$$a^{50} = \frac{9,2}{6} \Rightarrow a = \sqrt[50]{\frac{9,2}{6}} \approx 1,00859$$
Der Bevölkerungszuwachs beträgt ca. 0,86 %.

b) China:
$$B_t = B_0 \cdot 1,01^t$$
$$B_{2025} = 1,3 \cdot 10^9 \cdot 1,01^{25} = 1,67 \cdot 10^9$$
$$B_{2050} = 1,3 \cdot 10^9 \cdot 1,01^{50} = 2,14 \cdot 10^9$$

Indien:
$$B_t = B_0 \cdot 1,019^t$$
$$B_{2025} = 1,0 \cdot 10^9 \cdot 1,019^{25} = 1,60 \cdot 10^9$$
$$B_{2050} = 1,0 \cdot 10^9 \cdot 1,019^{50} = 2,56 \cdot 10^9$$

c) Berechne B_0 aus dem Wachstumsgesetz:
$$B_t = B_0 \cdot 1,025^t$$
$$B_0 = \frac{B_t}{1,025^t} = \frac{1,3 \cdot 10^9}{1,025^{25}} = 7,01 \cdot 10^8$$

6.04 a) Setze in das nebenstehende Gesetz ein:
$$n_t = n_0 \cdot 2^{\frac{t}{\tau}}$$
$$120000 = n_0 \cdot 2^{\frac{120}{18}}$$ Beachte: t = 2 h = 120 min.
$$n_0 = \frac{120000}{2^{\frac{120}{18}}} \approx 1181$$

b) Löse dazu folgende Gleichung nach a auf:
$$2^{\frac{t}{\tau}} = a^t$$
$$2^{\frac{1}{18}} = a^t \Rightarrow a = 2^{\frac{1}{18}} = 1,0393$$
Die prozentuelle Zunahme pro Minute beträgt ca. 3,93 %.

c) Gegebene Werte ins Gesetz einsetzen:
$$n_t = n_0 \cdot 2^{\frac{t}{\tau}} = 1 \cdot 2^{\frac{60 \cdot 24}{18}} \approx 1,21 \cdot 10^{24}$$

d) Es gilt: Von anfänglich n_0 Bakterien sind nach t Zeiteinheiten noch
$$n_t = n_0 \cdot a^t \text{ vorhanden.}$$
$$a = 1 - \frac{p}{100} = 1 - \frac{25}{100} = 0,75$$
t = 1 Tag = 24 Stunden

Damit: $n_t = n_0 \cdot a^t = 10^{28} \cdot 0,75^{24} = 1,00339 \cdot 10^{25} \approx 1,00 \cdot 10^{25}$

Wachstumsgesetz:
$$B_t = B_0 \cdot a^t$$

B_0 ... Bevölkerungszahl am Anfang
B_t ... Bevölkerungszahl nach t Jahren
$$a = 1 + \frac{p}{100}$$
p ... jährlicher Bevölkerungszuwachs in %.

Bakterien vermehren sich durch Zellteilung. Sind n_0 Bakterien in einer Bakterienkultur vorhanden und vergeht zwischen aufeinanderfolgenden Teilungen im Mittel die Zeit τ (Verdopplungszeit), so gilt $n_t = n_0 \cdot 2^{\frac{t}{\tau}}$, wobei n_t die Anzahl der Bakterien im Zeitpunkt t bedeutet.

Beachte: a < 1, da es sich um einen Zerfall handelt.

6.05 a) Wertetabelle

h[km]	p[bar]
0	1,013
1	0,894
2	0,789
3	0,696
4	0,614
5	0,542
6	0,479
7	0,422
8	0,373

Schaubild

b) Rechne die angegebenen Höhen in km um und setze ins Gesetz ein:

(1) $p = 1{,}013 \cdot e^{-0{,}125 \cdot 3{,}105} = 0{,}687$ bar

(2) $p = 1{,}013 \cdot e^{-0{,}125 \cdot 0{,}115} = 0{,}999$ bar

(3) $p = 1{,}013 \cdot e^{-0{,}125 \cdot 8{,}848} = 0{,}335$ bar

(4) $p = 1{,}013 \cdot e^{-0{,}125 \cdot 0{,}171} = 0{,}992$ bar

(5) $p = 1{,}013 \cdot e^{-0{,}125 \cdot 10} = 0{,}290$ bar

c) Löse folgende Gleichung nach a auf.

$$p_0 \cdot e^{-0{,}125 \cdot h} = p_0 \cdot a^h$$
$$e^{-0{,}125 \cdot 1} = a^1 \Rightarrow a = e^{-0{,}125} \approx 0{,}8825$$

$100\% - 88{,}25\% = 11{,}75\%$

Der Luftdruck nimmt pro km um ca. 11,75 % ab

Verwende die **Äquivalenz**:
$a^x = b \Leftrightarrow x = {}^a\log b$

6.06 a) (1) ${}^2\log 8 = 3$ (2) ${}^4\log \frac{1}{64} = -3$ (3) ${}^{\frac{2}{3}}\log \frac{9}{4} = -2$

(4) ${}^5\log \sqrt[3]{25} = \frac{2}{3}$ (5) ${}^e\log 0{,}13534 = \ln 0{,}13534 = -2$

Natürlicher Logarithmus
(logarithmus naturalis)
$\ln b = {}^e\log b$

(6) ${}^e\log 1{,}39561 = \ln 1{,}39561 = \frac{1}{3}$

b) (1) $2^4 = 16$ (2) $5^{-2} = \frac{1}{25}$ (3) $\left(\frac{3}{4}\right)^{-1} = \frac{4}{3}$ (4) $10^{\frac{1}{4}} = \sqrt[4]{10}$

(5) $e^{-2} = \frac{1}{e^2}$ (6) $\ln 1 = {}^e\log 1 = 0 \Leftrightarrow e^0 = 1$

Siehe 6.06

6.07 a) (1) $32 = 2^5 \Leftrightarrow {}^2\log 32 = 5$ (2) $\frac{1}{9} = 3^{-2} \Leftrightarrow {}^3\log \frac{1}{9} = -2$

(3) $125 = 5^3 \Leftrightarrow {}^5\log 125 = 3$ (4) $\frac{1}{1000} = 10^{-3} \Leftrightarrow {}^{10}\log \frac{1}{1000} = \lg \frac{1}{1000} = -3$

Dekadischer Logarithmus
$\lg b = {}^{10}\log b$

(5) $\frac{1}{e^4} = e^{-4} \Leftrightarrow {}^e\log \frac{1}{e^4} = \ln \frac{1}{e^4} = -4$ (6) $\sqrt{e} = e^{\frac{1}{2}} \Leftrightarrow \ln \sqrt{e} = \frac{1}{2}$

6 Exponential - und Logarithmusfunktionen

6.07 b) (1) $x^{-2} = 25 \Rightarrow x = 25^{-\frac{1}{2}} = \frac{1}{\sqrt{25}} = \frac{1}{5}$

(2) $x^3 = \frac{8}{343} \Rightarrow x = \sqrt[3]{\frac{8}{343}} = \frac{2}{7}$

(3) $x^{-1} = \frac{1}{e} \Rightarrow \frac{1}{x} = \frac{1}{e} \Rightarrow x = e$

c) (1) $x = 7^2 = 49$ (2) $x = 10^{-4} = \frac{1}{10000}$ (3) $x = e^{\frac{2}{3}} = \sqrt[3]{e^2}$

6.08 (1) $^x\log 125 = -3$

$x^{-3} = 125$

$\frac{1}{x^3} = 5^3$

$x^3 = \frac{1}{5^3}$

$x = \frac{1}{5}$

(2) $^x\log \frac{1}{343} = -3$

$x^{-3} = \frac{1}{343}$

$\frac{1}{x^3} = \frac{1}{7^3}$

$x^3 = 7^3$

$x = 7$

Verwende die **Äquivalenz**:
$a^x = b \Leftrightarrow x = {^a\log b}$

(3) $^3\log x = \frac{2}{3}$

$x = 3^{\frac{2}{3}} = \sqrt[3]{9}$

(4) $^{\frac{1}{3}}\log x = \frac{3}{2}$

$x = \left(\frac{1}{3}\right)^{\frac{3}{2}} = \sqrt{\frac{1}{27}}$

$x = \frac{1}{3\sqrt{3}} = \frac{\sqrt{3}}{9}$

(5) $^{10}\log \sqrt[4]{0{,}1} = x$

$10^x = \left(\frac{1}{10}\right)^{\frac{1}{4}}$

$10^x = 10^{-\frac{1}{4}}$

$x = -\frac{1}{4}$

(6) $^{10}\log 0{,}001 = x$

$10^x = 0{,}001$

$10^x = 10^{-3}$

$x = -3$

Rechenregeln, siehe Seite 18.

Beim **Logarithmieren** einer Rechenoperation *erniedrigt* sich diese um eine Stufe, dh.:

Aus · wird +
: wird −
$(\ )^n$ wird $(\ ) \cdot n$
$\sqrt[n]{(\ )}$ wird $(\ ) : n = (\ ) \cdot \frac{1}{n}$

Beim **Entlogarithmieren** einer Rechenoperation *erhöht* sich diese um eine Stufe, dh.:

Aus + wird ·
− wird :
$(\ ) \cdot n$ wird $(\ )^n$
$(\ ) : n = (\ ) \cdot \frac{1}{n}$ wird $\sqrt[n]{(\ )}$

6.09 a) $\log \dfrac{a^5 \cdot \sqrt[3]{b^5 \cdot c^4}}{\sqrt[4]{a^7}} = \log a^5 + \dfrac{1}{3}\log(b^5 \cdot c^4) - \dfrac{1}{4}\log a^7 =$

$= \log a^5 + \dfrac{1}{3}\log b^5 + \dfrac{1}{3}\log c^4 - \dfrac{1}{4}\log a^7 =$

$= 5\log a + \dfrac{5}{3}\log b + \dfrac{4}{3}\log c - \dfrac{7}{4}\log a =$

$= \dfrac{13}{4}\log a + \dfrac{5}{3}\log b + \dfrac{4}{3}\log c$

b) $5\log x + \dfrac{1}{3}\left[2\log y + \log a - \dfrac{2}{5}\log b\right] =$

$= \log x^5 + \dfrac{1}{3}\left[\log y^2 + \log \dfrac{a}{\sqrt[5]{b^2}}\right] = \log x^5 \cdot \sqrt[3]{\dfrac{ay^2}{\sqrt[5]{b^2}}}$

6.10 a) $\log \dfrac{(x+y)^2 \cdot (x-y)}{x^2 \cdot y^3 \cdot (x^2+y^2)} = \log[(x+y)^2 \cdot (x-y)] - \log[x^2 \cdot y^3 \cdot (x^2+y^2)] =$

$= \log(x+y)^2 + \log(x-y) - [\log x^2 + \log y^3 + \log(x^2+y^2)] =$

$= 2\log(x+y) + \log(x-y) - 2\log x - 3\log y - \log(x^2+y^2)$

b) $\dfrac{1}{4}[8\log x - 4\log(x+y)] + 2\log y^2 - \dfrac{1}{2}\log(x-y) - 3\log x =$

$= \dfrac{1}{4}\log \dfrac{x^8}{(x+y)^4} + \log y^4 - \log\sqrt{x-y} - \log x^3 =$

$= \log \dfrac{\sqrt[4]{\dfrac{x^8}{(x+y)^4}} \cdot y^4}{x^3 \cdot \sqrt{x-y}} = \log \dfrac{\dfrac{x^2}{x+y} \cdot y^4}{x^3 \cdot \sqrt{x-y}} = \log \dfrac{y^4}{x \cdot (x+y) \cdot \sqrt{x-y}}$

6.11 Wertetabellen:

x	ln x	$^{10}\log x$
0	—	—
0,2	−1,61	−0,70
0,4	−0,92	−0,40
0,6	−0,51	−0,22
0,8	−0,22	−0,10
1,0	0	0
2,0	0,69	0,30
3,0	1,10	0,48
4,0	1,39	0,60
5,0	1,61	0,70
6,0	1,79	0,78

x	2^x	5^x
−6	0,02	0,00
−5	0,03	0,00
−4	0,06	0,00
−3	0,13	0,01
−2	0,25	0,04
−1	0,50	0,20
0	1	1
1	2	5
1,2	2,30	6,90
2	4	25
3	8	125

Bemerkung:
Die Exponentialfunktionen $y = 2^x$ und $y = 5^x$ sind die *Umkehrfunktionen* der logarithmischen Funktionen $y = {}^2\log x$ bzw. $y = {}^5\log x$.

Die zugehörigen Graphen liegen daher *spiegelbildlich* zur Geraden $y = x$ (1. Mediane).

6.11 Graphen

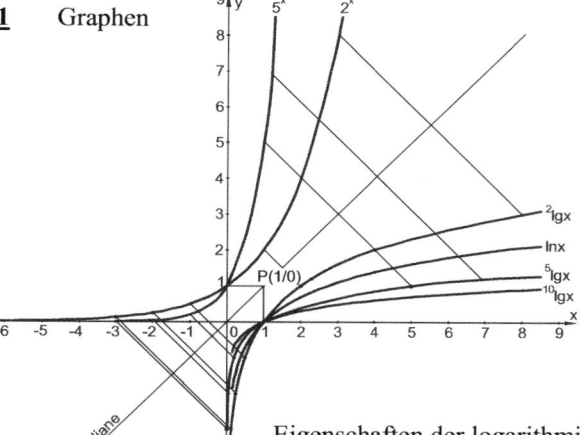

1. Mediane = die unter 45° ansteigende Gerade.

Eigenschaften der logarithmischen Funktionen:
(1) Die Graphen liegen rechts von der y-Achse
(2) Die Funktionen sind nach oben und unten unbeschränkt.
(3) Die Funktionen sind streng monoton wachsend.
(4) Die Funktionen gehen durch P(1/0).
(5) Die negative y-Achse ist (einzige) Asymptote.

6.12

$${}^3\log x = \frac{\ln x}{\ln 3}; \quad {}^{\frac{1}{3}}\log x = \frac{\ln x}{\ln \frac{1}{3}} = \frac{\ln x}{\ln 1 - \ln 3} = \frac{\ln x}{0 - \ln 3} = -\frac{\ln x}{\ln 3}$$

Wertetabellen:

x	${}^3\log x$	${}^{\frac{1}{3}}\log x$
0	——	——
0,1	−2,10	2,10
0,2	−1,46	1,46
0,4	−0,83	0,83
0,6	−0,46	0,46
0,8	−0,20	0,20
1,0	0	0
2,0	0,63	−0,63
3,0	1,00	−1,00
4,0	1,26	−1,26
5,0	1,46	−1,46
6,0	1,63	−1,63

a) (1) Die Graphen von ${}^3\log x$ und ${}^{\frac{1}{3}}\log x$ liegen symmetrisch zur x-Achse.

(2) Beide Funktionen sind nach oben und unten unbeschränkt.

(3) Beide Funktionen gehen durch den Punkt P(1/0).

(4) Der Graph von ${}^3\log x$ ist streng monoton wachsend, die negative y-Achse ist (einzige) Asymptote.

(5) Der Graph von ${}^{\frac{1}{3}}\log x$ ist streng monoton fallend, die positive y-Achse ist (einzige) Asymptote.

b) Funktionsgleichungen der Umkehrfunktionen:

$$y = 3^x \quad \text{und} \quad y = \left(\frac{1}{3}\right)^x$$

(1) Bringe die Potenzen mit gleicher Basis auf jeweils eine Seite der Gleichung.
(2) Hebe auf jeder Seite die Potenz mit dem kleinsten Exponenten heraus.

Beachte: Potenzen mit verschiedener Basis und gleichen Exponenten sind genau dann gleich, wenn der Exponent gleich Null ist.

6.13
$$3^{x+4} - 5^{x+3} + 3^{x+2} = 5^{x+2} - 3^{x+3} + 9 \cdot 5^{x+1}$$
$$3^{x+4} + 3^{x+2} + 3^{x+3} = 5^{x+2} + 5^{x+3} + 9 \cdot 5^{x+1}$$
$$3^{x+2} \cdot (3^2 + 3^0 + 3^1) = 5^{x+1} \cdot (5^1 + 5^2 + 9)$$
$$3^{x+2} \cdot (9 + 1 + 3) = 5^{x+1} \cdot (5 + 25 + 9)$$
$$3^{x+2} \cdot 13 = 5^{x+1} \cdot 39 \quad |:13$$
$$3^{x+2} = 5^{x+1} \cdot 3 \quad |:3$$
$$3^{x+2} : 3^1 = 5^{x+1}$$
$$3^{x+1} = 5^{x+1}$$
$$x + 1 = 0$$
$$x = -1$$

Probe: L.S. $= 3^3 - 5^2 + 3^1 = 27 - 25 + 3 = 5$
R.S. $= 5^1 - 3^2 + 9 \cdot 5^0 = 5 - 9 + 9 = 5$ L.S. = R.S. $L = \{-1\}$

Siehe 6.13

6.14
$$5 \cdot 2^{x+2} - 3^{x+1} + 2^{x+3} = 3^{x+2} - 2^{x+1} + 8 \cdot 3^x$$
$$5 \cdot 2^{x+2} + 2^{x+3} + 2^{x+1} = 3^{x+2} + 8 \cdot 3^x + 3^{x+1}$$
$$2^{x+1} \cdot (5 \cdot 2^1 + 2^2 + 1) = 3^x \cdot (3^2 + 8 + 3^1)$$
$$2^{x+1} \cdot (10 + 4 + 1) = 3^x \cdot (9 + 8 + 3)$$
$$2^{x+1} \cdot 15 = 3^x \cdot 20 \quad |:5$$
$$2^{x+1} \cdot 3 = 3^x \cdot 4 \quad |:(3 \cdot 4)$$
$$2^{x+1} : 4 = 3^x : 3$$
$$2^{x+1} : 2^2 = 3^x : 3^1$$
$$2^{x-1} = 3^{x-1}$$
$$x - 1 = 0$$
$$x = 1$$

Probe: L.S. $= 5 \cdot 2^3 - 3^2 + 2^4 = 40 - 9 + 16 = 47$
R.S. $= 3^3 - 2^2 + 8 \cdot 3^1 = 27 - 4 + 24 = 47$ L.S. = R.S. $L = \{1\}$

6 Exponential- und Logarithmusfunktion

6.15 $\quad 7^{x+2} - 5^{x+2} + 7^{x+1} = 5^{x+3} - 7^{x+3} + 5^{x+4}$

$\quad\quad 7^{x+2} + 7^{x+1} + 7^{x+3} = 5^{x+3} + 5^{x+4} + 5^{x+2}$

$\quad\quad 7^{x+1} \cdot \left(7^1 + 1 + 7^2\right) = 5^{x+2} \cdot \left(5^1 + 5^2 + 1\right)$

$\quad\quad 7^{x+1} \cdot (7 + 1 + 49) = 5^{x+2} \cdot (5 + 25 + 1)$

$\quad\quad\quad\quad\quad 7^{x+1} \cdot 57 = 5^{x+2} \cdot 31$

Logarithmieren (zur Basis 10) der Gleichung ergibt:

$\quad (x+1) \cdot \lg 7 + \lg 57 = (x+2) \cdot \lg 5 + \lg 31$

$\quad x \cdot \lg 7 + \lg 7 + \lg 57 = x \cdot \lg 5 + 2 \cdot \lg 5 + \lg 31$

$\quad\quad x \cdot (\lg 7 - \lg 5) = 2 \cdot \lg 5 + \lg 31 - \lg 7 - \lg 57$

$$x = \frac{2 \cdot \lg 5 + \lg 31 - \lg 7 - \lg 57}{(\lg 7 - \lg 5)}$$

$\quad\quad\quad\quad\quad x = 1{,}97313$

Probe: L.S. $= 7^{3,97313} - 5^{3,97313} + 7^{2,97313} = 2{,}005664 \cdot 10^3$

$\quad\quad\quad$ R.S. $= 5^{4,97313} - 7^{4,97313} + 5^{5,97313} = 2{,}005630 \cdot 10^3 \quad$ L.S. $\approx$ R.S.

$\quad\quad\quad$ L $= \{1{,}97313\}$

Siehe 6.13

Beachte die Rechenregeln von Seite 18.

Durch Logarithmieren erhält man eine lineare Gleichung.

Hinweis:
Auf Grund von Rundungsfehlern stimmen L.S. und R.S. in den letzten Stellen nicht überein.

6.16 $\quad 5^{x+1} - 3^{x+2} + 5^{x+2} = 3^{x+3} + 3^{x+4} - 5^{x+3}$

$\quad\quad 5^{x+1} + 5^{x+2} + 5^{x+3} = 3^{x+3} + 3^{x+4} + 3^{x+2}$

$\quad\quad 5^{x+1} \cdot \left(1 + 5^1 + 5^2\right) = 3^{x+2} \cdot \left(3^1 + 3^2 + 1\right)$

$\quad\quad 5^{x+1} \cdot (1 + 5 + 25) = 3^{x+2} \cdot (3 + 9 + 1)$

$\quad\quad\quad\quad\quad 5^{x+1} \cdot 31 = 3^{x+2} \cdot 13$

Logarithmieren (zur Basis 10) der Gleichung ergibt:

$\quad (x+1) \cdot \lg 5 + \lg 31 = (x+2) \cdot \lg 3 + \lg 13$

$\quad x \cdot \lg 5 + \lg 5 + \lg 31 = x \cdot \lg 3 + 2 \cdot \lg 3 + \lg 13$

$\quad\quad x \cdot (\lg 5 - \lg 3) = 2 \cdot \lg 3 + \lg 13 - \lg 5 - \lg 31$

$$x = \frac{2 \cdot \lg 3 + \lg 13 - \lg 5 - \lg 31}{(\lg 5 - \lg 3)}$$

$\quad\quad\quad\quad\quad x = -0{,}55058$

Probe: L.S. $= 5^{0,44942} - 3^{1,44942} + 5^{1,44942} = 7{,}45222$

$\quad\quad\quad$ R.S. $= 3^{2,44942} + 3^{3,44942} - 5^{2,44942} = 7{,}45217 \quad$ L.S. $\approx$ R.S.

$\quad\quad\quad$ L $= \{-0{,}55058\}$

Siehe 6.15

6 Exponential- und Logarithmusfunktion

Logarithmiere die Gleichung. Beachte die Rechenregeln von Seite 18.	**6.17** a) $\quad 5 \cdot 7^x = 4 \cdot 15^x$ $\lg 5 + x \cdot \lg 7 = \lg 4 + x \cdot \lg 15$ $x \cdot (\lg 7 - \lg 15) = \lg 4 - \lg 5$ $x = \dfrac{\lg 4 - \lg 5}{(\lg 7 - \lg 15)} = 0{,}29279$ Probe: L.S. $= 5 \cdot 7^{0,29279} = 8{,}83906$ R.S. $= 4 \cdot 15^{0,29279} = 8{,}83909 \qquad$ L.S. $\approx$ R.S. $\qquad L = \{0{,}29279\}$
$\lg = {}^{10}\log$ Definitionsmenge bestimmen. Entlogarithmiere die Gleichung Numeri gleichsetzen. Quadratische Gleichung lösen. „Kleine" Lösungsformel: $x_{1,2} = -\dfrac{p}{2} \pm \sqrt{\left(\dfrac{p}{2}\right)^2 - q}$ $(p = -10, q = -20)$	b) $\quad 2 \lg x - \lg(x+2) = 1$ Die Numeri müssen > 0 sein: Aus $x > 0$ und $x + 2 > 0$ folgt $D = \mathbb{R}^+$ $\lg \dfrac{x^2}{x+2} = \lg 10$ $x^2 = 10 \cdot (x+2)$ $x^2 - 10x - 20 = 0$ $x_{1,2} = 5 \pm \sqrt{25 + 20} = 5 \pm \sqrt{45}$ $x_1 = 11{,}70820$ $x_2 = -1{,}70820 \notin D$ Probe: L.S. $= 2 \lg 11{,}70820 - \lg 13{,}70820 = 1 =$ R.S. $\qquad L = \{11{,}70820\}$
Logarithmiere die Gleichung. Beachte die Rechenregeln von Seite 18.	**6.18** a) $\quad 3 \cdot 11^x = 5 \cdot 16^x$ $\lg 3 + x \cdot \lg 11 = \lg 5 + x \cdot \lg 16$ $x \cdot (\lg 11 - \lg 16) = \lg 5 - \lg 3$ $x = \dfrac{\lg 5 - \lg 3}{(\lg 11 - \lg 16)} = -1{,}36332$ Probe: L.S. $= 3 \cdot 11^{-1,36322} = 0{,}11415$ R.S. $= 5 \cdot 16^{-1,36322} = 0{,}11415 \qquad$ L.S. $=$ R.S. $\qquad L = \{-1{,}36332\}$
Siehe 6.17b)	b) $\quad \lg \dfrac{x}{5} + 2 = \lg(x^2 - 21)$ Numeri > 0: $x > 0$ und $x^2 - 21 > 0 \Rightarrow x > \sqrt{21} \approx 4{,}6$, $D = \{x \in \mathbb{R} \mid x > 4{,}6\}$ $\lg \dfrac{x}{5} + \lg 100 = \lg(x^2 - 21)$ $\lg \dfrac{x}{5} \cdot 100 = \lg(x^2 - 21)$ $20x = x^2 - 21 \Rightarrow x^2 - 20x - 21 = 0$ $x_{1,2} = 10 \pm \sqrt{100 + 21} = 10 \pm 11$ $x_1 = 21, x_2 = -1 \notin D$ Probe: L.S. $= \lg \dfrac{21}{5} + 2 = 2{,}62325$ R.S. $= \lg(21^2 - 21) = \lg 420 = 2{,}62325 \qquad$ L.S $=$ R.S. $\qquad L = \{21\}$

6.19 $2\log(x-3) - \log(2x+1) = \log 2 + \log(5-x)$ — Definitionsmenge bestimmen.

Numeri > 0: Aus $x - 3 > 0$ und $2x + 1 > 0$ und $5 - x > 0$ folgt
$$x > 3 \text{ und } x > -\tfrac{1}{2} \text{ und } x < 5.$$
Also: $D = \{x \in \mathbb{R} \mid 3 < x < 5\}$

Entlogarithmieren der Gleichung und Numeri gleichsetzen führt auf eine quadratische Gleichung.

$$\log(x-3)^2 - \log(2x+1) = \log 2 \cdot (5-x)$$
$$\log \frac{(x-3)^2}{2x+1} = \log(10-2x)$$
$$(x-3)^2 = (2x+1) \cdot (10-2x)$$
$$x^2 - 6x + 9 = 20x + 10 - 4x^2 - 2x$$
$$5x^2 - 24x - 1 = 0$$

Quadratische Gleichung lösen. „Große" Lösungsformel:
$$x_{1,2} = \frac{-b \pm \sqrt{b^2 - 4ac}}{2a}$$
($a = 5, b = -24, c = -1$)

$$x_{1,2} = \frac{24 \pm \sqrt{576 + 20}}{10}$$
$$x_{1,2} = \frac{24 \pm \sqrt{596}}{10}$$
$$x_1 = 4{,}84131$$
$$x_2 = -0{,}04131 \notin D$$

Probe: L.S. = $2\log 1{,}84131 - \log 10{,}68262 = -0{,}49842$
R.S. = $\log 2 + \log 0{,}15869 = -0{,}49842$ L.S. = R.S. $L = \{4{,}84131\}$

6.20 $\log(x+5) - \log(x-4) = \log(3x-5) - \log(x-3)$ — Siehe 6.19

Numeri > 0: Aus $x + 5 > 0$ und $x - 4 > 0$ und $3x - 5 > 0$ und $x - 3 > 0$ folgt
$$x > -5 \text{ und } x > 4 \text{ und } x > \tfrac{5}{3} \text{ und } x > 3.$$
Also: $D = \{x \in \mathbb{R} \mid x > 4\}$.

$$\log \frac{x+5}{x-4} = \log \frac{3x-5}{x-3}$$
$$\frac{x+5}{x-4} = \frac{3x-5}{x-3}$$
$$(x+5) \cdot (x-3) = (3x-5) \cdot (x-4)$$
$$x^2 + 5x - 3x - 15 = 3x^2 - 5x - 12x + 20$$
$$2x^2 - 19x + 35 = 0$$
$$x_{1,2} = \frac{19 \pm \sqrt{361 - 280}}{4}$$
$$x_{1,2} = \frac{19 \pm 9}{4}$$
$$x_1 = 7$$
$$x_2 = \tfrac{5}{2} \notin D$$

Probe: L.S. = $\log 12 - \log 3 = 0{,}60206$
R.S. = $\log 16 - \log 4 = 0{,}60206$ L.S. = R.S. $L = \{7\}$

Definitionsmenge bestimmen.

Entlogarithmieren.

Numeri gleichsetzen.

6.21 a) $\lg(x-6) - \lg(x+4) = \lg 5 - \lg 7$

Numeri > 0: $x - 6 > 0$ und $x + 4 > 0 \Rightarrow D = \{x \in \mathbb{R} \mid x > 6\}$

$$\lg \frac{x-6}{x+4} = \lg \frac{5}{7}$$

$$\frac{x-6}{x+4} = \frac{5}{7}$$

$$7 \cdot (x - 6) = 5 \cdot (x + 4)$$

$$7x - 42 = 5x + 20$$

$$2x = 62$$

$$x = 31 \in D$$

Probe:

L.S. = $\lg 25 - \lg 35 = -0{,}14613$

R.S. = $\lg 5 - \lg 7 = -0{,}14613$ L.S. = R.S $L = \{31\}$

b) $7^{\lg x} = 49$

$7^{\lg x} = 7^2$

$\lg x = 2$

$x = 10^2 = 100$

Probe: L.S. = $7^{\lg 100} = 7^2 = 49 =$ R.S. $L = \{100\}$

Siehe 6.21

6.22 a) $\lg 3x + \lg(4x - 7) = \lg 11x + \lg 9$

Numeri > 0: $3x > 0$ und $4x - 7 > 0 \Rightarrow D = \left\{x \in \mathbb{R} \mid x > \frac{7}{4}\right\}$

$\lg 3x \cdot (4x - 7) = \lg 99x$

$12x^2 - 21x = 99x$

12x herausheben.

Ein *Produkt* ist genau dann *null*, wenn mindestens einer der Faktoren gleich null ist.

$12x^2 - 120x = 0$

$12x \cdot (x - 10) = 0$

$x_1 = 0 \notin D$

$x - 10 = 0 \Rightarrow x_2 = 10 \in D$

Probe:

L.S. = $\lg 30 + \lg 33 = 2{,}99564$

R.S. = $\lg 110 + \lg 9 = 2{,}99564$ L.S. = R.S $L = \{10\}$

b) $5^{\lg x} = \frac{1}{25}$

$5^{\lg x} = \frac{1}{5^2} = 5^{-2}$

$\lg x = -2$

$x = 10^{-2} = \frac{1}{100} = 0{,}01$

Probe: L.S. = $5^{\lg 0{,}01} = 5^{-2} = \frac{1}{25} =$ R.S. $L = \{0{,}01\}$

6 Exponential- und Logarithmusfunktion

6.23 a)
$$x^{\lg x - 1,5} = 10$$
$$\lg\left(x^{\lg x - 1,5}\right) = \lg 10$$
$$(\lg x - 1,5) \cdot \lg x = 1$$
$$(\lg x)^2 - 1,5 \cdot \lg x - 1 = 0$$

Setze für $\lg x = u$ ein.
$$u^2 - 1,5u - 1 = 0$$
$$u_{1,2} = 0,75 \pm \sqrt{0,5625 + 1} = 0,75 \pm \sqrt{1,5625}$$
$$u_{1,2} = 0,75 \pm 1,25$$
$$u_1 = 2$$
$$u_2 = -\frac{1}{2}$$

Zurückeinsetzen ergibt:

$\lg x = 2$ $\qquad\qquad$ $\lg x = -\frac{1}{2}$

$x_1 = 10^2 = 100$ $\qquad$ $x_2 = 10^{-\frac{1}{2}} = \frac{1}{\sqrt{10}}$

Probe für x_1: L.S. $= 100^{\lg 100 - 1,5} = 100^{0,5} = \sqrt{100} = 10 = $ R.S.

Probe für x_2: L.S $= \left(\frac{1}{\sqrt{10}}\right)^{\lg \frac{1}{\sqrt{10}} - 1,5} = \left(\frac{1}{\sqrt{10}}\right)^{-2} = \left(\sqrt{10}\right)^2 = 10 = $ R.S.

$L = \left\{100, \frac{1}{\sqrt{10}}\right\}$

Seitenleiste:
Logarithmiere die Gleichung. Beachte die Rechenregeln von Seite 18.

Durch **Substitution** erhält man eine quadratische Gleichung.
„Kleine" Lösungsformel:
$$x_{1,2} = -\frac{p}{2} \pm \sqrt{\left(\frac{p}{2}\right)^2 - q}$$
($p = -1,5$, $q = -1$)

$\lg \frac{1}{\sqrt{10}} = \lg 10^{-\frac{1}{2}} = -\frac{1}{2}$

6.23 b)
$$x^{\ln x + 3,5} = e^2$$
$$\ln\left(x^{\ln x + 3,5}\right) = \ln e^2$$
$$(\ln x + 3,5) \cdot \ln x = 2 \cdot \underbrace{\ln e}_{=1}$$

Setze für $\ln x = u$ ein.
$$u^2 + 3,5u - 2 = 0$$
$$u_{1,2} = -1,75 \pm \sqrt{3,0625 + 2} = -1,75 \pm 2,25$$
$$u_1 = \frac{1}{2}$$
$$u_2 = -4$$

Zurückeinsetzen ergibt:

$\ln x = \frac{1}{2}$ $\qquad\qquad$ $\ln x = -4$

$x_1 = e^{\frac{1}{2}} = \sqrt{e}$ $\qquad$ $x_2 = e^{-4} = \frac{1}{e^4}$

Probe für x_1: L.S. $= \left(\sqrt{e}\right)^{\ln\sqrt{e} + 3,5} = \left(\sqrt{e}\right)^4 = e^2 = $ R.S.

Probe für x_2: L.S $= \left(\frac{1}{e^4}\right)^{-\frac{1}{2}} = \left(e^4\right)^{\frac{1}{2}} = \sqrt{e^4} = e^2 = $ R.S. $\qquad L = \left\{\sqrt{e}, e^{-4}\right\}$.

Seitenleiste:
Siehe 6.23a)

Durch **Substitution** erhält man eine quadratische Gleichung.
„Kleine" Lösungsformel:
$$x_{1,2} = -\frac{p}{2} \pm \sqrt{\left(\frac{p}{2}\right)^2 - q}$$
($p = 3,5$, $q = -2$)

6.24 a)

Definitionsmenge bestimmen.

$$4x > 0 \Leftrightarrow x > 0 \Rightarrow D = \{x \in \mathbb{R} \mid x > 0\}$$

$$7 \cdot x^{\lg(4x)-1} = 9 \mid \text{Gleichung logarithmieren}$$

$$\lg 7 + (\lg(4x) - 1) \cdot \lg x = \lg 9 \mid \text{Logarithmische Rechengesetze anwenden}$$

$$(\lg 4 + \lg x - 1) \cdot \lg x = \lg 9 - \lg 7$$

Es ergibt sich eine quadratische Gleichung für lg x.

$$(\lg x)^2 + (\lg 4 - 1) \cdot \lg x - (\lg 9 - \lg 7) = 0 \mid \text{Quadratische Gleichung lösen}$$

$$(\lg x)_{1,2} = \frac{-(\lg 4 - 1) \pm \sqrt{(\lg 4 - 1)^2 + 4(\lg 9 - \lg 7)}}{2}$$

$$\approx \frac{0.398 \pm 0.771}{2}$$

$$(\lg x)_1 \approx 0.585 \Rightarrow x_1 \approx 10^{0.585} \approx 3.84 \in D$$

$$(\lg x)_2 \approx -0.187 \Rightarrow x_2 \approx 10^{-0.187} \approx 0.65 \in D$$

$$L = \{0.65, 3.84\}$$

Die **Probe** kann bei *nicht ganzzahligen* Werten von *x* mit dem Taschenrechner erfolgen. Dabei ist es zweckmäßig, mit allen am TR angezeigten Werten für *x* zu rechnen.

6.24 b)

Siehe 6.24a)

$$5x > 0 \Leftrightarrow x > 0 \Rightarrow D = \{x \in \mathbb{R} \mid x > 0\}$$

$$-2 \cdot x^{\lg 5x} = -x^2 \mid \cdot (-1)$$

$$2x^{\lg 5x} = x^2 \mid \text{Gleichung logarithmieren}$$

$$\lg 2 + (\lg 5 + \lg x) \cdot \lg x = 2 \cdot \lg x$$

$$(\lg x)^2 + (\lg 5 - 2) \cdot \lg x + \lg 2 = 0$$

$$(\lg x)_{1,2} = \frac{-(\lg 5 - 2) \pm \sqrt{(\lg 5 - 2)^2 - 4 \lg 2}}{2}$$

$$\approx \frac{1.301 \pm 0.699}{2}$$

$$(\lg x)_1 \approx 1 \Rightarrow x_1 \approx 10^1 = 10 \in D$$

$$(\lg x)_2 \approx 0.301 \Rightarrow x_2 \approx 10^{0.301} = 2 \in D$$

Probe: $-2 \cdot 10^{\lg 50} = -10^2 \Leftrightarrow -2 \cdot 50 = -100 \Leftrightarrow -100 = -100$ w.A. $\Rightarrow$ 10 ist Lösung.

$-2 \cdot 2^{\lg 10} = -2^2 \Leftrightarrow -2 \cdot 2^1 = -4 \Leftrightarrow -4 = -4$ w.A. $\Rightarrow$ 2 ist Lösung.

$$L = \{2, 10\}$$

6 Exponential - und Logarithmusfunktionen

6.25 a) (1) $m_t = m_0 \cdot 1{,}35^t$

(2) $1{,}35^t = e^{\lambda t}$

$1{,}35 = e^\lambda$

$\ln 1{,}35 = \lambda \cdot \underbrace{\ln e}_{=1}$

$\lambda \approx 0{,}300 \Rightarrow m_t = m_0 \cdot e^{0{,}300 t}$

λ ... Wachstumskonstante

b) $2m_0 = m_0 \cdot e^{0{,}300\tau}$

$2 = e^{0{,}300\tau}$

$\ln 2 = 0{,}300 \tau$

$\tau = \dfrac{\ln 2}{0{,}300} \approx 2{,}31$ Tage

τ ... Verdopplungszeit

c) $50 m_0 = m_0 \cdot e^{0{,}300 t}$

$50 = e^{0{,}300 t}$

$\ln 50 = 0{,}300 t$

$t = \dfrac{\ln 50}{0{,}300} \approx 13$ Tage

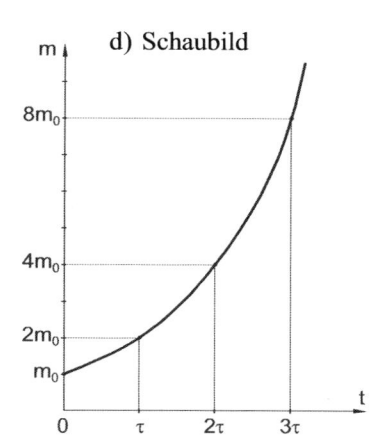

d) Schaubild

6.26 a) Wachstumsgesetz:

1. Art: $n_t = n_0 \cdot e^{\lambda t}$ $\lambda = 0{,}02$ ... Wachstumskonstante

$n_t = n_0 \cdot e^{0{,}02 t}$

2. Art: $n_t = n_0 \cdot a^t$ $a = e^{0{,}02} = 1{,}02020$

$n_t = n_0 \cdot 1{,}02020^t$

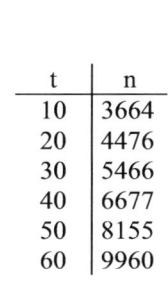

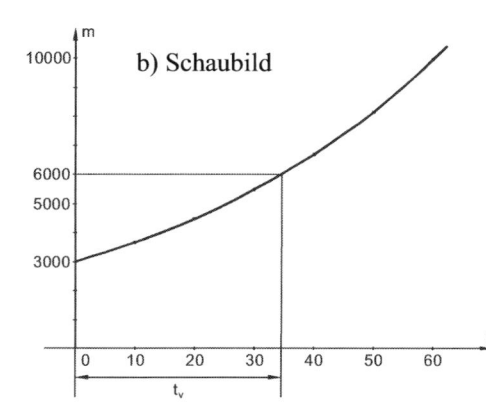

t	n
10	3664
20	4476
30	5466
40	6677
50	8155
60	9960

b) Schaubild

Verdopplungszeit: $t_v \approx 35$ Zeiteinheiten. (Siehe Schaubild).

c) $30000 = 3000 \cdot e^{0{,}02 t}$

$10 = e^{0{,}002 t}$

$\ln 10 = 0{,}02 t \cdot \underbrace{\ln e}_{=1}$

$t = \dfrac{\ln 10}{0{,}02} \approx 115$ Zeiteinheiten

70 Lösungen — 6 Exponential- und Logarithmusfunktionen

Zerfallsgesetz: $n_t = n_0 \cdot e^{-\lambda t}$

Setze $n_t = \dfrac{n_0}{2}$ und $t = 5$.

Berechne λ.

6.27 a) $\dfrac{n_0}{2} = n_0 \cdot e^{-\lambda \cdot 5}$

$\dfrac{1}{2} = e^{-5\lambda}$

$\underbrace{\ln 1}_{=0} - \ln 2 = -5\lambda \cdot \underbrace{\ln e}_{=1}$

$\lambda = \dfrac{\ln 2}{5} = 0{,}13863$ Zerfallskonstante

$n_t = n_0 \cdot e^{-0{,}13863 \cdot t}$ Zerfallsgesetz

b)

t	n
2	45,5
4	34,5
6	26,1
8	19,8
10	15,0
12	11,4

c) Schaubild

Zur Berechnung von t setze in das Zerfallsgesetz ein.

d) $2 = 60 \cdot e^{-0{,}13863 \cdot t}$

$\dfrac{1}{30} = e^{-0{,}13863 \cdot t}$

$-\ln 30 = -0{,}13863 \cdot t$

$t = \dfrac{\ln 30}{0{,}13863} \approx 24{,}5$ Tage

Siehe 6.27

6.28 a) (1) $\dfrac{n_0}{2} = n_0 \cdot e^{-\lambda \cdot 5730}$

$\ln 2 = 5730 \cdot \lambda$

$\lambda = \dfrac{\ln 2}{5730} = 0{,}000120968$ Zerfallskonstante

$n_t = n_0 \cdot e^{-0{,}000120986 \cdot t}$ Zerfallsgesetz

Zur Berechnung von t setze in das Zerfallsgesetz ein.

(2) $\dfrac{1{,}8}{100} \cdot n_0 = n_0 \cdot e^{-0{,}000120986 \cdot t}$

$\ln 0{,}018 = -0{,}000120986 \cdot t$

$t = \dfrac{\ln 0{,}018}{-0{,}000120986} = 33210 \approx 33000$ Jahre

b) (1) $\dfrac{n_t}{n_0} = e^{-0{,}1308 \cdot 20} = 0{,}0731 \approx 7{,}31\%$

Für b) (2) ist auch folgender Ansatz möglich:

$2{,}5 \cdot 10^{-3}\,g = n_0 \cdot e^{-0{,}1308 \cdot 50}$

$n_0 = \dfrac{2{,}5 \cdot 10^{-3}\,g}{e^{-0{,}1308 \cdot 50}} = 1{,}73\,g$

(2) $n_{-50} = n_0 \cdot e^{-0{,}1308 \cdot (-50)}$

$n_{-50} = 2{,}5 \cdot 10^{-3}\,g \cdot e^{-0{,}1308 \cdot (-50)} \approx 1{,}73\,g$

7 Winkelfunktionen – Trigonometrie

7.01 a) PLS anwenden: $c = \sqrt{a^2 + b^2} = \sqrt{169} = 13$

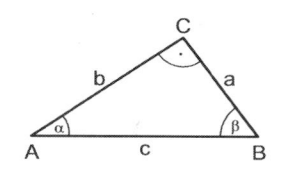

$\sin \alpha = \dfrac{a}{c} = \dfrac{5}{13}$ $\qquad$ $\sin \beta = \dfrac{b}{c} = \dfrac{12}{13}$

$\cos \alpha = \dfrac{b}{c} = \dfrac{12}{13}$ $\qquad$ $\cos \beta = \dfrac{a}{c} = \dfrac{5}{13}$

$\tan \alpha = \dfrac{a}{b} = \dfrac{5}{12}$ $\qquad$ $\tan \beta = \dfrac{b}{a} = \dfrac{12}{5}$

$\cot \alpha = \dfrac{b}{a} = \dfrac{12}{5}$ $\qquad$ $\cot \beta = \dfrac{a}{b} = \dfrac{5}{12}$

PLS = **Pythagoräischer Lehrsatz**: $a^2 + b^2 = c^2$

b) $\alpha = \arcsin \dfrac{a}{c} = \arcsin \dfrac{5}{13} = 22{,}6199°$

$\beta = \arcsin \dfrac{b}{c} = \arcsin \dfrac{12}{13} = 67{,}3801°$

Umrechnungen für α:
(1) $22{,}6199° = \mathbf{22°} + 0{,}6199°$
$0{,}6199° \cdot 60 = 37{,}1940' = \mathbf{37'} + 0{,}1940'$
$\underline{0{,}1940' \cdot 60 = 11{,}6400'' \approx \mathbf{12''}}$
$22{,}6199° = 22°37'12''$

(2) $22{,}6199 \cdot \dfrac{200}{180} = 25{,}1332^g = 25^g 13^c 32^{cc}$

(3) $22{,}6199 \cdot \dfrac{\pi}{180} = 0{,}3948$ rad

Umrechnungen für β:
$67{,}3801$ |DMS| $67°22'48''$ |DRG>| $1{,}1760$ rad |DRG>| $74^g 86^c 68^{cc}$

– Einstellung |DEG| am Display des TR.[1]
– Zur Berechnung des Winkels verwende je nach Bauart deines TR die Tasten:

|$\sin^{-1}$| , |ASIN| , |INV| |SIN|,

oder |ARC| |SIN|.

Verwende die **Winkelmaß-Proportionen**:

$\varphi(°) : \varphi(^g) = 180 : 200$

$\varphi(°) : \varphi(\text{rad}) = 180 : \pi$

7.02 a) PLS anwenden: $a = \sqrt{c^2 - b^2} = \sqrt{225} = 15$

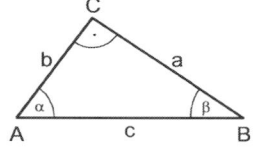

$\sin \alpha = \dfrac{a}{c} = \dfrac{15}{17}$ $\qquad$ $\sin \beta = \dfrac{b}{c} = \dfrac{8}{17}$

$\cos \alpha = \dfrac{b}{c} = \dfrac{8}{17}$ $\qquad$ $\cos \beta = \dfrac{a}{c} = \dfrac{15}{17}$

$\tan \alpha = \dfrac{a}{b} = \dfrac{15}{8}$ $\qquad$ $\tan \beta = \dfrac{b}{a} = \dfrac{8}{15}$

$\cot \alpha = \dfrac{b}{a} = \dfrac{8}{15}$ $\qquad$ $\cot \beta = \dfrac{a}{b} = \dfrac{15}{8}$

b) $\alpha = \arcsin \dfrac{a}{c} = \arcsin \dfrac{15}{17} = 1{,}0808$ rad

Umrechnungen (mit gerundetem Wert):
(1) $1{,}0808 \cdot \dfrac{180}{\pi} = 61{,}9253°$
$61{,}9253° = \mathbf{61°} + 0{,}9253°$
$0{,}9243° \cdot 60 = 55{,}5167' = \mathbf{55'} + 0{,}5167'$
$\underline{0{,}5167' \cdot 60 = 31{,}0026'' \approx \mathbf{31''}}$
$61{,}9253° = 61°55'31''$

(2) $1{,}0808 \cdot \dfrac{200}{\pi} = 68{,}8059^g = 68^g 80^c 59^{cc}$

Beginne mit der Einstellung |DEG| auf dem Display des TR.

Anleitung zu b)
– Einstellung |RAD| auf dem Display des TR.
– Zur Berechnung des Winkels verwende je nach Bauart deines TR die Tasten:

|$\sin^{-1}$| , |ASIN| , |INV| |SIN|,

oder |ARC| |SIN|.

Verwende:

$\varphi(°) : \varphi(\text{rad}) = 180 : \pi$

Verwende:

$\varphi(^g) : \varphi(\text{rad}) = 200 : \pi$

---

[1] TR = Taschenrechner

Anleitung zu c)

– Einstellung GRAD auf dem Display des TR.
– Berechnung des Winkels mittels der Tasten $\sin^{-1}$, ASIN, INV SIN oder ARC SIN.

Reduziere einen im II., III, oder IV. Quadranten liegenden Winkel gemäß der Tabelle:

	II	III	IV
Alt-grad	180 $-\varphi$	180 $+\varphi$	360 $-\varphi$
Neu-grad	200 $-\varphi$	200 $+\varphi$	400 $-\varphi$
rad	$\pi - \varphi$	$\pi + \varphi$	$2\pi - \varphi$

Beachte dabei die **Vorzeichen** der Winkelfunktionen in den einzelnen Quadranten:

	I	II	III	IV
sin	+	+	–	–
cos	+	–	–	+
tan,cot	+	–	+	–

Beachte auch die **Periodizität** der Winkelfunktionen:
– sin und cos haben die **Periodenlänge** $360° = 400^g = 2\pi$,
– tan und cot haben die **Periodenlänge** $180° = 200^g = \pi$.

7.02 (Fortsetzung)

c) $\beta = \arcsin \dfrac{b}{c} = \arcsin \dfrac{8}{17} = 31{,}1917^g = 31^g 19^c 17^{cc}$

Umrechnungen:

$31{,}1917$ DRG> $28{,}0725°$ DMS $28°4'21''$ DRG> $0{,}4900$ rad

7.03 a) (1) $\sin 317° = \sin(360° - 43°) = -\sin 43° = -0{,}68$

(2) $\tan 247° = \tan(180° + 67°) = \tan 67° = 2{,}36$

(3) $\cos 156^g = \cos(200^g - 44^g) = -\cos 44^g = -0{,}77$

(4) $\tan \dfrac{4\pi}{3} = \tan(2\pi - \dfrac{2\pi}{3}) = -\tan \dfrac{2\pi}{3} = 1{,}73$

(5) $\cot 430° = \cot(360° + 70°) = \cot 70° = \dfrac{1}{\tan 70°} = 0{,}36$

b) $r = \sqrt{x^2 + y^2} = \sqrt{64 + 225} = 17$

$\tan \varphi_I = \left|\dfrac{y}{x}\right| = \dfrac{15}{8} \Rightarrow \varphi_I = 61{,}93°$

P liegt im II. Quadranten, daher gilt: $\varphi_{II} = 180° - 61{,}93° = 118{,}07°$
Umrechnung des Winkels mit den Sondertasten des TR ergibt:
$118{,}07° = 131{,}19^g = 2{,}06 \text{ rad}$

Damit: (1) $P(17/61{,}93°)$ (2) $P(17/131{,}19^g)$ (3) $P(17/2{,}06 \text{ rad})$.

7.04 a) (1) $\sin 743^g = \sin(400^g + 343^g) = \sin 343^g = \sin(400^g - 57^g) =$
$= -\sin 57^g = -0{,}78$

(2) $\cos \dfrac{7\pi}{5} = \cos(\pi + \dfrac{2\pi}{5}) = -\cos \dfrac{2\pi}{5} = -0{,}31$

(3) $\cot \dfrac{5\pi}{3} = \cot(2\pi - \dfrac{\pi}{3}) = -\cot \dfrac{\pi}{3} = -\dfrac{1}{\tan \frac{\pi}{3}} = -0{,}58$

(4) $\cos 164° = \cos(180° - 16°) = -\cos 16° = -0{,}96$

(5) $\tan 218° = \tan(180° + 38°) = \tan 38° = 0{,}78$

b) Verwende die Formeln: $x = r \cdot \cos \varphi$, $y = r \cdot \sin \varphi$

TR auf DEG einstellen.

$P(9/220°) = P(9 \cdot \cos 220° / 9 \cdot \sin 220°) = P(-6{,}89/-5{,}79)$

TR auf GRAD einstellen.

$Q(11/310^g) = Q(11 \cdot \cos 310^g / 11 \cdot \sin 310^g) = Q(1{,}72/-10{,}86)$

TR auf RAD einstellen.

$R(7{,}5/4 \text{ rad}) = R(7{,}5 \times \cos 4 \text{ rad} / 7{,}5 \times \sin 4 \text{ rad}) = R(-4{,}90/-5{,}68)$

7 Winkelfunktionen – Trigonometrie

7.05 a) $\dfrac{1}{1+\cot^2 \varphi} = \dfrac{1}{1+\dfrac{\cos^2 \varphi}{\sin^2 \varphi}} = \dfrac{1}{\dfrac{\sin^2 \varphi + \cos^2 \varphi}{\sin^2 \varphi}} = \dfrac{1}{\dfrac{1}{\sin^2 \varphi}} = \sin^2 \varphi$

Verwende die trigonometrischen Grundbeziehungen. (Seite 21).

b) cos ist im II. Quadranten negativ, daher gilt:

$\cos \varphi = -\sqrt{1-\sin^2 \varphi} = -\sqrt{1-\dfrac{4}{25}} = -\sqrt{\dfrac{21}{25}} = -\dfrac{\sqrt{21}}{5} \approx -0{,}92$

$\tan \varphi = \dfrac{\sin \varphi}{\cos \varphi} = \dfrac{\dfrac{2}{5}}{-\dfrac{\sqrt{21}}{5}} = -\dfrac{2 \cdot 5}{5 \cdot \sqrt{21}} = -\dfrac{2}{\sqrt{21}} \approx -0{,}44$

$\cot \varphi = \dfrac{1}{\tan \varphi} = -\dfrac{\sqrt{21}}{2} \approx -2{,}29$

7.06 a) $\dfrac{1}{1+\tan^2 \varphi} = \dfrac{1}{1+\dfrac{\sin^2 \varphi}{\cos^2 \varphi}} = \dfrac{1}{\dfrac{\cos^2 \varphi + \sin^2 \varphi}{\cos^2 \varphi}} = \dfrac{1}{\dfrac{1}{\cos^2 \varphi}} = \cos^2 \varphi$

Verwende die trigonometrischen Grundbeziehungen. (Seite 21).

b) sin ist im IV. Quadranten negativ, daher gilt:

$\sin \varphi = -\sqrt{1-\cos^2 \varphi} = -\sqrt{1-\dfrac{4}{9}} = -\sqrt{\dfrac{5}{9}} = -\dfrac{\sqrt{5}}{3} \approx -0{,}75$

$\tan \varphi = \dfrac{\sin \varphi}{\cos \varphi} = \dfrac{-\dfrac{\sqrt{5}}{3}}{\dfrac{2}{3}} = -\dfrac{\sqrt{5} \cdot 3}{3 \cdot 2} = -\dfrac{\sqrt{5}}{2} \approx -1{,}12$

$\cot \varphi = \dfrac{1}{\tan \varphi} = -\dfrac{2}{\sqrt{5}} \approx -0{,}89$

7.07 a) $\dfrac{\sin \varphi}{\cos \varphi} = \dfrac{24}{7}$

Verwende die trigonometrischen Grundbeziehungen. (Seite 21).

$7 \cdot \sin \varphi = 24 \cdot \cos \varphi \Rightarrow \cos \varphi = \dfrac{7}{24} \sin \varphi$ in die Beziehung

$\sin^2 \varphi + \cos^2 \varphi = 1$ eingesetzt ergibt:

$\sin^2 \varphi + \dfrac{49}{576} \sin^2 \varphi = 1$

$\dfrac{625}{567} \sin^2 \varphi = 1$

$\sin^2 \varphi = \dfrac{576}{625} = \dfrac{24^2}{25^2}$

$\sin \varphi = -\dfrac{24}{25}$, weil der sin im III. Quadranten negativ ist.

$\cos \varphi = \dfrac{7}{24} \cdot \left(-\dfrac{24}{25}\right) = -\dfrac{7}{25}$

$\cot \varphi = \dfrac{1}{\tan \varphi} = \dfrac{1}{\dfrac{24}{7}} = \dfrac{7}{24}$

7.07 (Fortsetzung)

b) $\sin\varphi \cdot \cos\varphi \cdot (\tan\varphi + \cot\varphi) = \sin\varphi \cdot \cos\varphi \cdot \left(\dfrac{\sin\varphi}{\cos\varphi} + \dfrac{\cos\varphi}{\sin\varphi}\right) =$

$= \dfrac{\sin^2\varphi \cdot \cos\varphi}{\cos\varphi} + \dfrac{\sin\varphi \cdot \cos^2\varphi}{\sin\varphi} = \sin^2\varphi + \cos^2\varphi = 1$

gilt für alle $\varphi \neq k \cdot \dfrac{\pi}{2}$, $k \in Z$.

<u>Begründung</u>: für alle $\varphi = k \cdot \dfrac{\pi}{2}$ ergibt sich beim Einsetzen der Ausdruck $0 \cdot \infty$, welcher keinen Sinn hat.

Verwende die trigonometrischen Grundbeziehungen. (Seite 21).

7.08 a) $\dfrac{\cos\varphi}{\sin\varphi} = \dfrac{21}{20}$

$20 \cdot \cos\varphi = 21 \cdot \sin\varphi \Rightarrow \cos\varphi = \dfrac{21}{20}\sin\varphi$ in die Beziehung

$\sin^2\varphi + \cos^2\varphi = 1$ eingesetzt ergibt:

$\sin^2\varphi + \dfrac{441}{400}\sin^2\varphi = 1$

$\dfrac{841}{400}\sin^2\varphi = 1$

$\sin^2\varphi = \dfrac{400}{841} = \dfrac{20^2}{29^2}$

$\sin\varphi = \dfrac{20}{29}$, weil der sin im I. Quadranten positiv ist.

$\cos\varphi = \dfrac{21}{20} \cdot \dfrac{20}{29} = \dfrac{21}{29}$

$\tan\varphi = \dfrac{1}{\cot\varphi} = \dfrac{1}{\frac{21}{20}} = \dfrac{20}{21}$

b) $\dfrac{\cos\varphi}{1 + \tan^2\varphi} = \dfrac{\cos\varphi}{1 + \dfrac{\sin^2\varphi}{\cos^2\varphi}} = \dfrac{\cos\varphi}{\dfrac{\cos^2\varphi + \sin^2\varphi}{\cos^2\varphi}} =$

$= \dfrac{\cos\varphi}{\dfrac{1}{\cos^2\varphi}} = \cos^3\varphi$

gilt für alle $\varphi \neq k \cdot \dfrac{\pi}{2}$, $k \in Z$.

<u>Begründung</u>: für alle $\varphi = k \cdot \dfrac{\pi}{2}$ ergibt sich beim Einsetzen der Ausdruck $\dfrac{0}{\infty}$, welcher keinen Sinn hat.

7 Winkelfunktionen – Trigonometrie

7.09 a) Wegen $\tan \varphi = \dfrac{\sin \varphi}{\cos \varphi}$ muss der Nenner $\cos \varphi \neq 0$ sein!

$\cos \varphi \neq 0$ führt im Fall (1) zu $D = G \setminus \{90°, 270°\}$

im Fall (2) zu $D = G \setminus \left\{\dfrac{\pi}{2}; \dfrac{3\pi}{2}\right\}$

im Fall (3) zu $D = G \setminus \{100^g, 300^g\}$.

$$2 \sin \varphi = \dfrac{\sin \varphi}{\cos \varphi} \ \Big| \cdot \cos \varphi$$

$$2 \sin \varphi \cdot \cos \varphi = \sin \varphi$$

$$2 \sin \varphi \cdot \cos \varphi - \sin \varphi = 0$$

$$\sin \varphi \cdot (2 \cos \varphi - 1) = 0$$

$\sin \varphi = 0 \qquad \vee \qquad 2 \cos \varphi - 1 = 0 \Leftrightarrow \cos \varphi = \dfrac{1}{2}$

$\varphi = \arcsin 0 \qquad \vee \qquad \varphi = \arccos \dfrac{1}{2}$

$\varphi_1 = 0°, \varphi_2 = 180° \qquad \varphi_3 = 60°, \varphi_4 = 360° - 60° = 300°$

(1) $L = \{0°; 60°; 180°; 300°\}$

(2) $L = \left\{0; \dfrac{\pi}{3}; \pi; \dfrac{5\pi}{3}\right\}$.

(3) $L = \{0^g; 66,\dot{6}^g; 200^g; 333,\dot{3}^g\}$

b) Graphische Lösung:

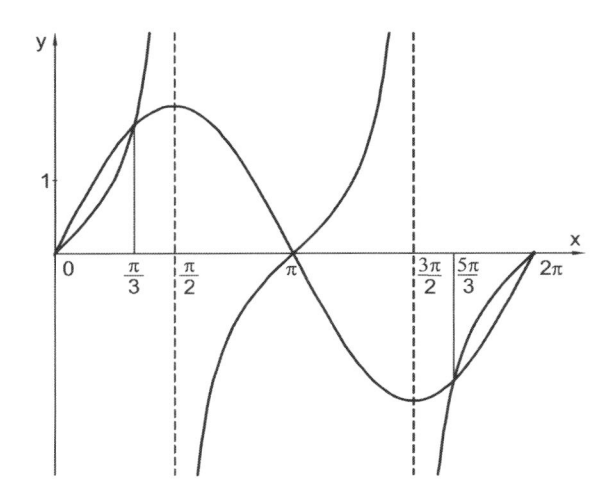

7.10 a) $D = G$

$$2 \cos^2 \varphi = \sin 2\varphi$$

$$2 \cos^2 \varphi = 2 \sin \varphi \cdot \cos \varphi$$

$$\cos^2 \varphi - \sin \varphi \cdot \cos \varphi = 0$$

$$\cos \varphi \cdot (\cos \varphi - \sin \varphi) = 0$$

Definitionsmenge bestimmen.

Beginne mit der Einstellung DEG am Display des TR.

Für die „besonderen" Winkel benütze das **Winkelrad**.

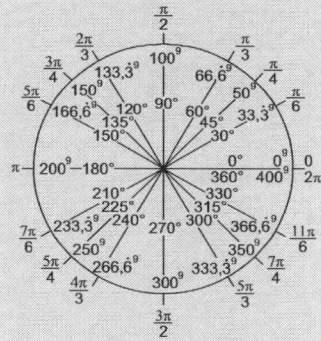

Stelle die Funktionen $\sin 2\varphi$ und $\tan \varphi$ im Intervall $[0; 2\pi]$ dar.
Die zu den Schnittpunkten der beiden Graphen gehörigen Winkelwerte sind die Lösungen der goniometrischen Gleichung.

Siehe 7.09

Verwende die **Formel**:
$\sin 2\varphi = 2 \sin \varphi \cos \varphi$

7.10 (Fortsetzung)

$$\cos\varphi = 0 \quad \lor \quad \cos\varphi - \sin\varphi = 0 \Leftrightarrow \frac{\sin\varphi}{\cos\varphi} = \tan\varphi = 1$$

$\varphi = \arccos 0 \quad \lor \quad \varphi = \arctan 1$

$\varphi_1 = 90°, \varphi_2 = 270° \qquad \varphi_3 = 45°, \varphi_4 = 270° - 45° = 225°$

(1) $L = \{90° + k \cdot 180°; 45° + k \cdot 180°\}, k \in Z$

(2) $L = \left\{\dfrac{\pi}{2} + k \cdot \pi; \dfrac{\pi}{4} + k \cdot \pi\right\}; k \in Z$

(3) $L = \{100^g + k \cdot 200^g; 50^g + k \cdot 200^g\}, k \in Z$

b) Graphische Lösung:

> Stelle die Funktionen $2\cos^2\varphi$ und $\sin 2\varphi$ im Intervall $[0; 2\pi]$ dar.
> Die zu den Schnittpunkten der beiden Graphen gehörigen Winkelwerte sind die Lösungen der goniometrischen Gleichung.

7.11 $\sin\varphi + \cos 2\varphi = 0{,}5$

$\sin\varphi + \cos^2\varphi - \sin^2\varphi = 0{,}5$

$\sin\varphi + 1 - \sin^2\varphi - \sin^2\varphi = 0{,}5$

$2\sin^2\varphi - \sin\varphi - 0{,}5 = 0$

$(\sin\varphi)_{1,2} = \dfrac{1 \pm \sqrt{5}}{4}$

$(\sin\varphi)_1 = \dfrac{1+\sqrt{5}}{4}$, Wert speichern!

$\varphi = \arcsin\dfrac{1+\sqrt{5}}{4} \Rightarrow \varphi_1 = 54°, \varphi_2 = 180° - 54° = 126°$

$(\sin\varphi)_2 = \dfrac{1-\sqrt{5}}{4}$, Wert speichern!

$\varphi = \arcsin\dfrac{1-\sqrt{5}}{4} \Rightarrow \varphi_3 = 180° + 18° = 198°, \varphi_4 = 360° - 18° = 342°$

$L = \{54°, 126°, 198°, 342°\}$

$L = \{60^g, 140^g, 220^g, 380^g\}$

$L = \{0{,}94 \text{ rad}; 2{,}20 \text{ rad}; 3{,}46 \text{ rad}; 5{,}97 \text{ rad}\}$

> Verwende die **Formel:**
> $\cos 2\varphi = \cos^2\varphi - \sin^2\varphi$
> Ersetze $\cos^2\varphi$ durch $1 - \sin^2\varphi$
>
> Quadratische Gleichung für $\sin\varphi$ mit den Koeffizienten $a = 2, b = -1, c = -0{,}5$.
>
> „Große" Lösungsformel:
> $x_{1,2} = \dfrac{-b \pm \sqrt{b^2 - 4ac}}{2a}$

7.12 $\cos 2\varphi = \cos \varphi - 0{,}5$

$\cos^2 \varphi - \sin^2 \varphi = \cos \varphi - 0{,}5$

$\cos^2 \varphi - (1 - \cos^2 \varphi) = \cos \varphi - 0{,}5$

$2\cos^2 \varphi - \cos \varphi - 0{,}5 = 0$

$(\cos \varphi)_{1,2} = \dfrac{1 \pm \sqrt{5}}{4}$

$(\cos \varphi)_1 = \dfrac{1 + \sqrt{5}}{4}$, Wert speichern!

$\varphi = \arccos \dfrac{1 + \sqrt{5}}{4}$ $\Rightarrow \varphi_1 = 36°, \varphi_2 = 360° - 36° = 324°$

$(\cos \varphi)_2 = \dfrac{1 - \sqrt{5}}{4}$, Wert speichern!

$\varphi = \arccos \dfrac{1 - \sqrt{5}}{4}$ $\Rightarrow \varphi_3 = 180° - 72° = 108°, \varphi_4 = 180° + 72° = 252°$

$L = \{36°, 108°, 252°, 324°\}$

$L = \{40^g, 120^g, 280^g, 360^g\}$

$L = \{0{,}63 \text{ rad}; \ 1{,}88 \text{ rad}; \ 4{,}40 \text{ rad}; \ 5{,}65 \text{ rad}\}$

Formel:
$\cos 2\varphi = \cos^2 \varphi - \sin^2 \varphi$
Ersetze $\sin^2 \varphi$ durch $1 - \cos^2 \varphi$

Quadratische Gleichung für $\cos \varphi$ mit den Koeffizienten $a = 2, b = -1, c = -0{,}5$.

„Große" Lösungsformel:
$x_{1,2} = \dfrac{-b \pm \sqrt{b^2 - 4ac}}{2a}$

7.13 $\triangle$ FBC:

$\sin \beta = \dfrac{h_c}{a}$

$\beta = \arcsin \dfrac{h_c}{a} = \arcsin \dfrac{11{,}7}{12{,}5} = 69{,}39°$

$\cos \beta = \dfrac{p}{a}$

$p = a \cdot \cos \beta = 12{,}5 \cdot \cos 69{,}39° = 4{,}40$

$\triangle$ ABC:

$\cos \beta = \dfrac{a}{c}$

$c = \dfrac{a}{\cos \beta} = \dfrac{12{,}5}{\cos 69{,}39°} = 35{,}51$

$\alpha = 90° - \beta = 20{,}61°$

$\cos \alpha = \dfrac{b}{c}$

$b = c \cdot \cos \alpha = 35{,}51 \cdot \cos 20{,}61° = 33{,}24$

$q = c - p = 31{,}11$

$A = \dfrac{a \cdot b}{2} = \dfrac{12{,}5 \cdot 33{,}24}{2} = 207{,}75$

Berechne zunächst β und p aus dem rechtwinkeligen Dreieck FBC.

Rechne solange als möglich mit allen verfügbaren Dezimalstellen. Verwende dazu die Speicher deines TR.

Löse durch **Zerlegung in rechtwinkelige Dreiecke**.

7.14 $\triangle ABC$:

$\gamma = 180° - 2\alpha = 75{,}54°$

$\triangle ADC$:

$\sin \alpha = \dfrac{h_c}{a}$

$h_c = a \cdot \sin \alpha = 36 \cdot \sin 52{,}23° = 28{,}46$

$\triangle AEC$:

$\sin \gamma = \dfrac{h_a}{a}$

$h_a = a \cdot \sin \gamma = 36 \cdot \sin 75{,}54° = 34{,}86$

$\triangle ABE$:

$\sin \alpha = \dfrac{h_a}{c} \Big| \cdot c$

$c \cdot \sin \alpha = h_a \;|\; : \sin \alpha$

$c = \dfrac{h_a}{\sin \alpha} = \dfrac{34{,}86}{\sin 52{,}23°} = 44{,}10$

$A = \dfrac{c \cdot h_c}{2} = \dfrac{44{,}10 \cdot 28{,}46}{2} = 627{,}54$

Löse durch **Zerlegung in rechtwinkelige Dreiecke**.

7.15 $\triangle ABM$:

$\tan \dfrac{\alpha}{2} = \dfrac{\frac{f}{2}}{\frac{e}{2}} = \dfrac{f}{e} = \dfrac{130}{312}$

$\dfrac{\alpha}{2} = \arctan \dfrac{130}{312} = 22{,}62° \Rightarrow \alpha = 45{,}24°$

$\sin \dfrac{\alpha}{2} = \dfrac{\frac{f}{2}}{a} \;\Big|\; \cdot a$

$a \cdot \sin \dfrac{\alpha}{2} = \dfrac{f}{2} \;\Big|\; : \sin \dfrac{\alpha}{2}$

$a = \dfrac{\frac{f}{2}}{\sin \frac{\alpha}{2}} = \dfrac{f}{2 \sin \frac{\alpha}{2}} = \dfrac{130}{2 \sin 22{,}62} = 169$

$\triangle AFD$:

$\sin \alpha = \dfrac{h}{a}$

$h = a \cdot \sin \alpha = 169 \cdot \sin 45{,}26° = 120$

$\beta = 180° - \alpha = 134{,}76°$

$A = \dfrac{e \cdot f}{2} = \dfrac{312 \cdot 130}{2} = 20280$

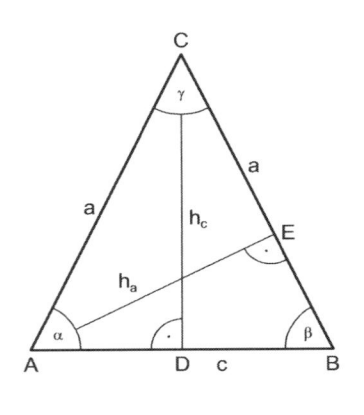

7.16 $\beta = \alpha = 75{,}75°$

$\gamma = \delta = \dfrac{360 - 2\alpha}{2} = 104{,}25$

$e = f = 156$

$\Delta\, AED$:

$\sin\alpha = \dfrac{h}{d}\Big|\cdot d$

$d\cdot\sin\alpha = h\,|:\sin\alpha$

$d = \dfrac{h}{\sin\alpha} = \dfrac{63}{\sin 75{,}75°} = 65$

$b = d = 65$

$\tan\alpha = \dfrac{h}{x} \Rightarrow x = \dfrac{h}{\tan\alpha} = \dfrac{63}{\tan 75{,}75°} = 16$

$\Delta\, EBD$:

$\sin\beta_1 = \dfrac{h}{f} = \dfrac{63}{156} \Rightarrow \beta_1 = \arcsin\dfrac{63}{156} = 23{,}82°$

$\cos\beta_1 = \dfrac{y}{f} \Rightarrow y = f\cdot\cos\beta_1 = 156\cdot\cos 23{,}82° = 142{,}71$

$a = x + y = 158{,}71$

$c = y - x = 126{,}71$

$A = \dfrac{a+c}{2}\cdot h = \dfrac{158{,}71 + 126{,}71}{2}\cdot 63 = 8990{,}73$

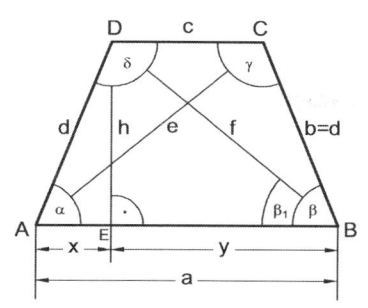

Löse durch Zerlegung in rechtwinkelige Dreiecke.

7.17 $\tan\varphi = \dfrac{h}{r}$

$r = \dfrac{h}{\tan\varphi} = \dfrac{9{,}4}{\tan 54°} = 7{,}34$ m

$\sin\varphi = \dfrac{h}{s}$

$s = \dfrac{h}{\sin\varphi} = \dfrac{9{,}4}{\sin 54°} = 11{,}93$ m

$M = r\,\pi\,s = 275{,}07$ m^2

Zum Eindecken benötigt man $275{,}07$ m$^2 \cdot 1{,}2 = 330{,}08$ m$^2 \approx 330$ m^2

$V = \dfrac{r^2\pi\,h}{3} = \dfrac{7{,}34^2\cdot\pi\cdot 9{,}4}{3} = 530{,}33$ m^3

Der Achsenschnitt des Kegels ist ein gleichschenkeliges Dreieck.

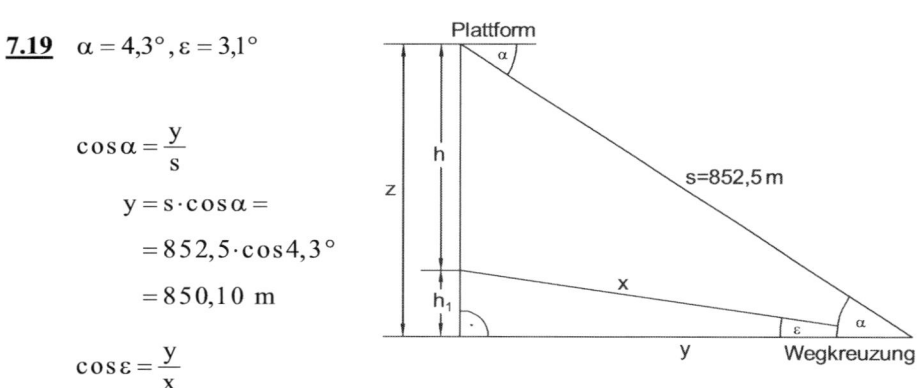

7.18

$\alpha = 44°48' = 44{,}8°$

$\varphi = 2°36' = 2{,}6°$

$\beta = \alpha + \varphi = 47{,}4°$

$\tan\beta = \dfrac{h+x}{y} \Rightarrow y = \dfrac{h+x}{\tan\beta}$

$\tan\alpha = \dfrac{x}{y} \Rightarrow y = \dfrac{x}{\tan\alpha}$

Setze die beiden Terme für y gleich.

$\dfrac{h+x}{\tan\beta} = \dfrac{x}{\tan\alpha}$

$(h+x)\cdot \tan\alpha = x\cdot \tan\beta$

$h\cdot \tan\alpha + x\cdot \tan\alpha = x\cdot \tan\beta$

$x\cdot (\tan\beta - \tan\alpha) = h\cdot \tan\alpha$

x ... Höhe der Gondel

$x = \dfrac{h\cdot \tan\alpha}{\tan\beta - \tan\alpha} = \dfrac{22\cdot \tan 44{,}8°}{(\tan 47{,}4° - \tan 44{,}8°)} = 231{,}31\text{ m}$

$y = \dfrac{x}{\tan\alpha} = \dfrac{231{,}31}{\tan 44{,}8°} = 232{,}93\text{ m}$

$\sin\alpha = \dfrac{x}{z}$

z ... Entfernung der Gondel vom Beobachter

$z = \dfrac{x}{\sin\alpha} = \dfrac{231{,}31}{\sin 44{,}8°} = 328{,}27\text{ m}$

7.19 $\alpha = 4{,}3°,\ \varepsilon = 3{,}1°$

$\cos\alpha = \dfrac{y}{s}$

$y = s\cdot \cos\alpha =$
$= 852{,}5\cdot \cos 4{,}3°$
$= 850{,}10\text{ m}$

$\cos\varepsilon = \dfrac{y}{x}$

y ... Länge des Weges

$x = \dfrac{y}{\cos\varepsilon} = \dfrac{850{,}10}{\cos 3{,}1°} = 851{,}35\text{ m}$

$\tan\varepsilon = \dfrac{h_1}{y}$

$h_1 = y\cdot \tan\varepsilon = 850{,}10\cdot \tan 3{,}1° = 46{,}04\text{ m}$

$\tan\alpha = \dfrac{z}{y}$

$z = y\cdot \tan\alpha = 850{,}10\cdot \tan 4{,}3° = 63{,}92\text{ m}$

h ... Höhe des Turmes

$h = z - h_1 = 17{,}88\text{ m}$

7.20 (1) $\tan\varphi = \dfrac{F_2}{F_1}$

$F_2 = F_1 \cdot \tan\varphi =$
$= 82{,}5 \cdot \tan 15{,}7° = 23{,}19 \text{ N}$

$\cos\varphi = \dfrac{F_1}{F}$

$F = \dfrac{F_1}{\cos\varphi} =$

$= \dfrac{82{,}5}{\cos 15{,}7°} = 85{,}7 \text{ N}$

(2) $\cos 45° = \dfrac{F_x}{F}$

$F_x = F \cdot \cos 45° =$
$= 85{,}7 \cdot \cos 45° = 60{,}60 \text{ N}$

Die Komponenten F_1, F_2 und die resultierende Kraft F bilden ein rechtwinkeliges Dreieck.

F ist die Diagonale eines Quadrats mit der Seitenlänge F_x.

F_x ... senkrechte Komponente

7.21 $\triangle EBC$:

$\dfrac{\sin\gamma}{a-c} = \dfrac{\sin\alpha}{b}$

$b \cdot \sin\gamma = (a-c) \cdot \sin\alpha$

$\sin\gamma = \dfrac{(a-c) \cdot \sin\alpha}{b} =$

$= \dfrac{103{,}10 \cdot \sin 54{,}7°}{85{,}4} = 0{,}99 \text{ speichern!}$

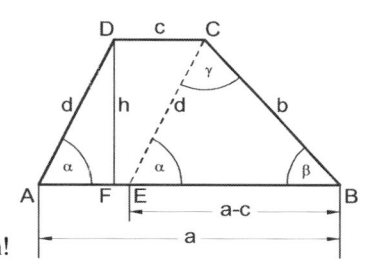

$\gamma = \arcsin 0{,}99 = 80{,}16°$

$\beta = 180° - (\alpha + \gamma) = 45{,}14°$

$\dfrac{d}{\sin\beta} = \dfrac{b}{\sin\alpha}$

$d \cdot \sin\alpha = b \cdot \sin\beta$

$d = \dfrac{b \cdot \sin\beta}{\sin\alpha}$

$= \dfrac{85{,}4 \cdot \sin 45{,}14°}{\sin 54{,}7°} = 74{,}17$

$\triangle AFD$:

$\sin\alpha = \dfrac{h}{d}$

$h = d \cdot \sin\alpha = 74{,}17 \cdot \sin 54{,}7° = 60{,}53$

$u = a + b + c + d = 309{,}07$

$A = \dfrac{a+c}{2} \cdot h = 4524{,}62$

Löse durch **Zerlegung** in ein schiefwinkeliges und ein rechtwinkeliges **Dreieck**.

Löse durch Zerlegung in schiefwinkelige Dreiecke.

7.22 △ABM:

$$a^2 = \left(\frac{e}{2}\right)^2 + \left(\frac{f}{2}\right)^2 - 2\cdot\frac{e}{2}\cdot\frac{f}{2}\cdot\cos\delta$$

$$\cos\delta = \frac{\left(\frac{e}{2}\right)^2 + \left(\frac{f}{2}\right)^2 - a^2}{2\cdot\frac{e}{2}\cdot\frac{f}{2}} =$$

$$= \frac{48{,}8^2 + 33{,}1^2 - 47{,}5^2}{(2\cdot 48{,}8\cdot 33{,}1)} = 0{,}38 \quad \text{speichern!}$$

$$\delta = \arccos 0{,}38 = 67{,}80° \quad \text{speichern!}$$

△AMD:

$$\varepsilon = 180 - \delta = 112{,}20° \quad \text{speichern!}$$

$$b^2 = \left(\frac{e}{2}\right)^2 + \left(\frac{f}{2}\right)^2 - 2\cdot\frac{e}{2}\cdot\frac{f}{2}\cdot\cos\varepsilon$$

$$b = \sqrt{48{,}8^2 + 33{,}1^2 - 2\cdot 48{,}8\cdot 33{,}1\cdot\cos 112{,}20°}$$

$$b = 68{,}54 \quad \text{speichern!}$$

$$u = 2a + 2b = 232{,}08$$

Verwende die trigonometrische Flächenformel.

$$A_\Delta = \frac{x\cdot y}{2}\cdot\sin\varphi$$

φ = der von den zwei Seiten x und y eingeschlossene Winkel.

△ABD:

$$f^2 = a^2 + b^2 - 2ab\cos\alpha$$

$$\cos\alpha = \frac{a^2 + b^2 - f^2}{2ab} = \frac{47{,}5^2 + 68{,}54^2 - 66{,}2^2}{(2\cdot 47{,}5\cdot 68{,}54)} = 0{,}39$$

$$\alpha = \arccos 0{,}39 = 66{,}74° \quad \text{speichern!}$$

$$A_\Delta = \frac{a\cdot b}{2}\cdot\sin\alpha = \frac{47{,}5\cdot 68{,}54}{2}\cdot\sin 66{,}74° = 1495{,}51$$

$$A_{Par} = 2A_\Delta = 2991{,}01$$

Löse durch Zerlegung in schiefwinkelige Dreiecke.

7.23 $\alpha = 67{,}3°$, $\beta = 43{,}6°$, $\gamma = 27{,}8°$

△ABD:

$$f^2 = a^2 + d^2 - 2ad\cos\alpha$$

$$f = \sqrt{60^2 + 18^2 - 2\cdot 60\cdot 18\cdot\cos 67{,}3°}$$

$$f = 55{,}59 \text{ cm} \quad \text{speichern!}$$

△BCD:

$$\delta = 180° - (\beta + \gamma) = 108{,}6°$$

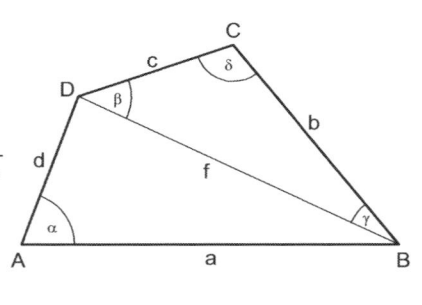

$$\frac{b}{\sin\beta} = \frac{f}{\sin\delta}$$

$$b\cdot\sin\delta = f\cdot\sin\beta$$

$$b = \frac{f\cdot\sin\beta}{\sin\delta} = \frac{55{,}59\cdot\sin 43{,}6°}{\sin 108{,}6°} = 40{,}45 \text{ cm} \quad \text{speichern!}$$

$$\frac{c}{\sin\gamma} = \frac{f}{\sin\delta}$$

$$c \cdot \sin\delta = f \cdot \sin\gamma$$

$$c = \frac{f \cdot \sin\gamma}{\sin\delta} =$$

$$c = \frac{55{,}59 \cdot \sin 27{,}8°}{\sin 108{,}6°} = 27{,}36 \text{ cm}$$

$$u = a + b + c + d = 145{,}81 \text{ cm}$$

$$A_1 = \frac{ad}{2} \cdot \sin\alpha = 498{,}17 \text{ cm}^2 \qquad A_2 = \frac{bf}{2} \cdot \sin\gamma = 524{,}38 \text{ cm}^2$$

Verwende für die beiden Teildreiecke die trigonometrische Flächenformel.

$$A = A_1 + A_2 = 1022{,}55 \text{ cm}^2$$

7.24 $\alpha = 32{,}8°$, $\beta = 63{,}1°$, $\gamma = 122{,}4°$

ΔACD:

$$e^2 = c^2 + d^2 - 2cd\cos\gamma$$

$$e = \sqrt{28^2 + 24^2 - 2 \cdot 28 \cdot 24 \cdot \cos 122{,}4°}$$

$$e = 45{,}61 \text{ cm} \quad \text{speichern!}$$

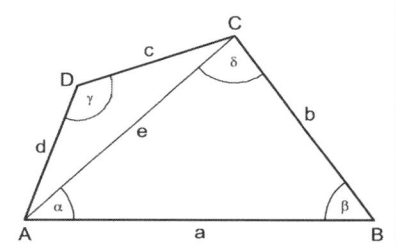

Löse durch **Zerlegung in schiefwinkelige Dreiecke**.

ΔABC:

$$\frac{b}{\sin\alpha} = \frac{e}{\sin\beta}$$

$$b \cdot \sin\beta = e \cdot \sin\alpha$$

$$b = \frac{e \cdot \sin\alpha}{\sin\beta} = \frac{45{,}61 \cdot \sin 32{,}8°}{\sin 63{,}1°} = 27{,}70 \text{ cm} \quad \text{speichern!}$$

$$\delta = 180° - (\alpha + \beta) = 84{,}1°$$

$$\frac{a}{\sin\delta} = \frac{b}{\sin\alpha}$$

$$a \cdot \sin\alpha = b \cdot \sin\delta$$

$$a = \frac{b \cdot \sin\delta}{\sin\alpha} = \frac{27{,}70 \cdot \sin 84{,}1°}{\sin 32{,}8°} = 50{,}87 \text{ cm} \quad \text{speichern!}$$

$$u = a + b + c + d = 130{,}58 \text{ cm}$$

$$A_1 = \frac{ae}{2} \cdot \sin\alpha = 628{,}43 \text{ cm}^2 \qquad A_2 = \frac{dc}{2} \cdot \sin\gamma = 283{,}69 \text{ cm}^2$$

Verwende für die beiden Teildreiecke die trigonometrische Flächenformel.

$$A = A_1 + A_2 = 912{,}12 \text{ cm}^2$$

7.25 α = 39,5°, β = 67,4°

△ABC:

γ = 180° − (α + β) = 73,1°

$$\frac{x}{\sin\beta} = \frac{c}{\sin\gamma}$$

$x \cdot \sin\gamma = c \cdot \sin\beta$

$$x = \frac{c \cdot \sin\beta}{\sin\gamma} =$$

$$x = \frac{50 \cdot \sin 67,4°}{\sin 73,1°} = 48,24 \text{ m} \quad \text{speichern!}$$

△ADC:

$\sin\alpha = \dfrac{b}{x}$

b ... Breite des Flusses

$b = x \cdot \sin\alpha = 30,69 \text{ m}$

7.26 γ = 180° − (α + β) = 36,8°

$$\frac{x}{\sin\beta} = \frac{s}{\sin\gamma}$$

$x \cdot \sin\gamma = s \cdot \sin\beta$

$$x = \frac{s \cdot \sin\beta}{\sin\gamma} =$$

$$x = \frac{100 \cdot \sin 83,4°}{\sin 36,8°} = 165,83 \text{ m}$$

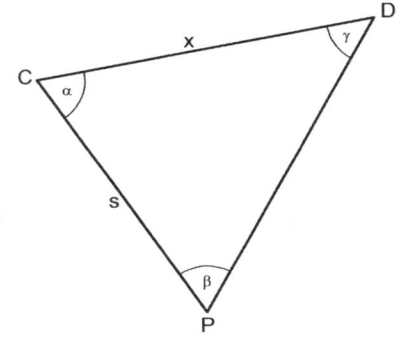

x ... Länge der Begrenzungslinie CD

7.27 γ = α − β = 15,5°

△ABF:

$$\frac{y}{\sin\beta} = \frac{s}{\sin\gamma}$$

$y \cdot \sin\gamma = s \cdot \sin\beta$

$$y = \frac{s \cdot \sin\beta}{\sin\gamma} =$$

Es ist ein schiefwinkeliges und ein rechtwinkeliges Dreieck aufzulösen.

$$y = \frac{1350 \cdot \sin 27,6°}{\sin 15,5°} = 2340,42 \text{ m} \quad \text{speichern!}$$

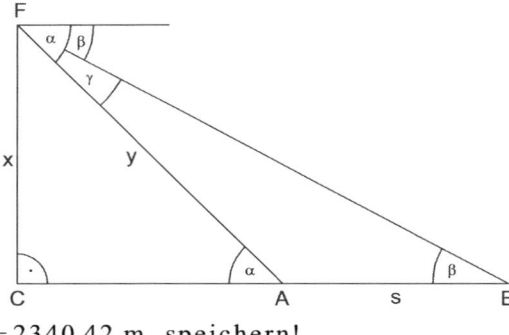

△ACF:

$\sin\alpha = \dfrac{x}{y}$

x ... Flughöhe

$x = y \cdot \sin\alpha = 1599,15 \text{ m}$

7 Winkelfunktionen – Trigonometrie

7.28 $\alpha = 21{,}3°$, $\beta = 13{,}5°$

$\Delta S_1 F S_2$:

$\varepsilon = 90° + \beta = 103{,}5°$

$\delta = \alpha - \beta = 7{,}8°$

$\dfrac{y}{\sin\varepsilon} = \dfrac{s}{\sin\delta}$

$y \cdot \sin\delta = s \cdot \sin\varepsilon$

$y = \dfrac{s \cdot \sin\varepsilon}{\sin\delta} =$

$y = \dfrac{15 \cdot \sin 103{,}5°}{\sin 7{,}8°} = 107{,}47 \text{ m}$ speichern!

ΔAFS_1:

$\sin\alpha = \dfrac{x}{y}$

$x = y \cdot \sin\alpha = 107{,}47 \cdot \sin 21{,}3° = 39{,}04 \text{ m}$

$\cos\alpha = \dfrac{z}{y}$

$z = y \cdot \cos\alpha = 107{,}47 \cdot \cos 21{,}3° = 100{,}13 \text{ m}$

Es ist ein schiefwinkeliges Dreieck und ein rechtwinkeliges Dreieck aufzulösen.

Verwende den Sinussatz. SWW

x ... Höhe des Hauses

z ... Entfernung von der Säule

7.29 ΔACD:

$\delta = 90° + \beta = 98{,}5°$

$\gamma = \alpha - \beta = 11{,}8°$

$\dfrac{x}{\sin\delta} = \dfrac{AD}{\sin\gamma}$

$x \cdot \sin\gamma = AD \cdot \sin\delta$

$x = \dfrac{AD \cdot \sin\delta}{\sin\gamma} =$

$x = \dfrac{53{,}6 \cdot \sin 98{,}5°}{\sin 11{,}8°} = 259{,}23 \text{ m}$ speichern!

ΔABC:

$\sin\alpha = \dfrac{h}{x}$

$h = x \cdot \sin\alpha = 259{,}23 \cdot \sin 20{,}3° = 89{,}94 \text{ m}$

$\cos\alpha = \dfrac{y}{x}$

$y = x \cdot \cos\alpha = 259{,}23 \cdot \cos 20{,}3° = 243{,}13 \text{ m}$

Es ist ein schiefwinkeliges Dreieck und ein rechtwinkeliges Dreieck aufzulösen.

Verwende den Sinussatz. SWW

h ... Höhe des größeren Turmes

y ... Breite des Flusses

Es ist ein schiefwinkeliges Dreieck und ein rechtwinkeliges Dreieck aufzulösen.

Verwende den Sinussatz.
SWW

7.30 α = 75,2°
β = 48,6°
γ = 32,8°

Δ ABF:

$\varepsilon = 180° - (\alpha + \beta) = 56,2°$

$\dfrac{x}{\sin\alpha} = \dfrac{AB}{\sin\varepsilon}$

$x \cdot \sin\varepsilon = AB \cdot \sin\alpha$

$x = \dfrac{AB \cdot \sin\alpha}{\sin\varepsilon} =$

$x = \dfrac{100 \cdot \sin 75,2°}{\sin 56,2°} = 116,35$ m speichern!

Δ BFS:

$\tan\gamma = \dfrac{h}{x}$

$h = x \cdot \tan\gamma = 116,34 \cdot \tan 32,8° = 74,98 \approx 75$ m

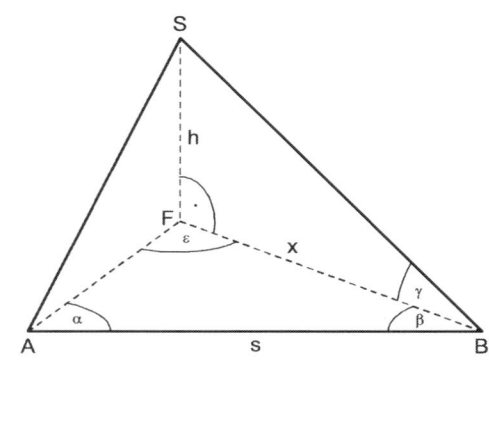

h ... Höhe des Mastes

Siehe 7.30

7.31 β = 32,2°
γ = 120,5°
ε = 79,5°

Δ ACD:

$\alpha = 180° - (\beta + \gamma) = 27,3°$

$\dfrac{y}{\sin\gamma} = \dfrac{s}{\sin\alpha}$

$y \cdot \sin\alpha = s \cdot \sin\gamma$

$y = \dfrac{s \cdot \sin\gamma}{\sin\alpha} =$

$y = \dfrac{296,3 \cdot \sin 120,5°}{\sin 27,3°} = 556,64$ m speichern!

Δ ACB:

$\tan\varepsilon = \dfrac{x}{y}$

$x = y \cdot \tan\varepsilon = 556,64 \cdot \tan 79,5° = 3003,34$ m

x ... Höhe des Ballons

7.32 $\triangle ABC$:

$x^2 = a^2 + b^2 - 2ab\cos\gamma$

$x = \sqrt{335{,}6^2 + 228{,}3^2 - 2\cdot 335{,}6\cdot 228{,}3\cdot\cos 68{,}4°}$

$x = 329{,}15$ m speichern!

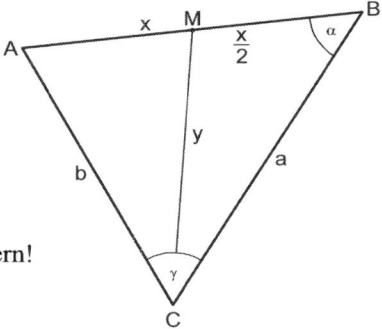

$\dfrac{\sin\alpha}{b} = \dfrac{\sin\gamma}{x}$

$\sin\alpha = \dfrac{b\cdot\sin\gamma}{x} =$

$= \dfrac{228{,}3\cdot\sin 68{,}4°}{329{,}15} = 0{,}64$ speichern!

$\alpha = \arcsin 0{,}64 = 40{,}16°$ speichern!

$\triangle BMC$:

$y^2 = a^2 + \left(\dfrac{x}{2}\right)^2 - 2\cdot a\cdot\dfrac{x}{2}\cdot\cos\alpha$

$y = \sqrt{335{,}6^2 + 164{,}57^2 - 2\cdot 335{,}6\cdot 164{,}57\cdot\cos 40{,}16°}$

$y = 235{,}14$ m

Verwende den Cosinussatz.
SWS

x ... Enfernung der Geländepunkte A und B

Verwende den Sinussatz.
SSW

Verwende den Cosinussatz.
SWS

y ... Entfernung des Überwachungsturmes

7.33

$\tan\alpha = \dfrac{34}{16}$

$\alpha = \arctan\dfrac{34}{16} = 64{,}8°$ speichern!

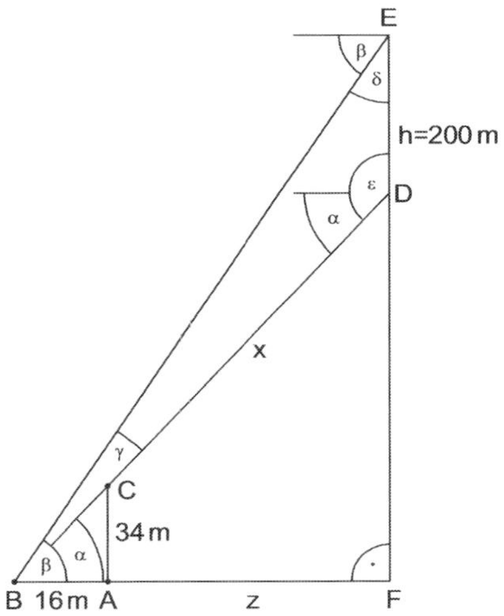

$\triangle BDE$:

$\gamma = \beta - \alpha = 8{,}2°$

$\delta = 90° - \beta = 17°$

$\varepsilon = 90° + \alpha = 154{,}8°$

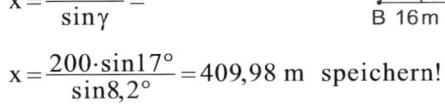

$\dfrac{x}{\sin\delta} = \dfrac{h}{\sin\gamma}$

$x = \dfrac{h\cdot\sin\delta}{\sin\gamma} =$

$x = \dfrac{200\cdot\sin 17°}{\sin 8{,}2°} = 409{,}98$ m speichern!

$\triangle BFD$:

$\sin\alpha = \dfrac{y}{x} \Rightarrow y = x\cdot\sin\alpha = 409{,}98\cdot\sin 64{,}8° = 370{,}95$ m ≈ 371 m

$y = 200 + 371 = 571$ m

$\cos\alpha = \dfrac{z}{x} \Rightarrow z = x\cdot\cos\alpha = 409{,}98\cdot\cos 64{,}8° = 174{,}56$ m

Berechne zuerst den Winkel α.

Verwende den Sinussatz.
SWW

Die Höhe und die Entfernung berechnet man aus dem rechtwinkeligen Dreieck BFD.

y ... Höhe des Heißluftballons

z ... Entfernung des Aufstiegsortes

7.34 $\alpha = 5{,}9°$, $\beta = 10{,}1°$

Berechne zuerst aus den rechtwinkeligen Dreiecken die Strecken y und z.

(1) $\triangle$ AFS:

$$\sin\alpha = \frac{53}{y}$$

$$y = \frac{53}{\sin\alpha} = \frac{53}{\sin 5{,}9°}$$

$$y = 515{,}60 \text{ m speichern!}$$

$\triangle$ BFS:

$$\sin\beta = \frac{53}{z}$$

$$z = \frac{53}{\sin\beta} = \frac{53}{\sin 10{,}1°}$$

$$z = 302{,}22 \text{ m speichern!}$$

Verwende den Cosinussatz. SWS

$\triangle$ ABS:

$$x^2 = y^2 + z^2 - 2yz\cos\gamma$$

$$x = \sqrt{515{,}60^2 + 302{,}22^2 - 2\cdot 515{,}60\cdot 302{,}22\cdot\cos 104°}$$

$$x = 657{,}71 \text{ m speichern!}$$

x ... Entfernung der beiden Schiffe

Berechne zuerst aus den rechtwinkeligen Dreiecken die Strecken r und s.

(2) $\triangle$ AFS:

$$\tan\alpha = \frac{53}{r}$$

$$r = \frac{53}{\tan\alpha} = \frac{53}{\tan 5{,}9°} = 512{,}87 \text{ m speichern!}$$

$\triangle$ BFS:

$$\tan\beta = \frac{53}{s}$$

$$s = \frac{53}{\tan\beta} = \frac{53}{\tan 10{,}1°} = 297{,}54 \text{ m speichern!}$$

Verwende den Cosinussatz. SSS

$\triangle$ ABF:

$$x^2 = r^2 + s^2 - 2rs\cos\delta$$

$$\cos\delta = \frac{r^2 + s^2 - x^2}{2rs}$$

$$\delta = \arccos\frac{r^2 + s^2 - x^2}{2rs}$$

δ ... Winkel, unter dem die beiden Schiffe erscheinen.

Gespeicherte Werte einsetzen, ergibt: $\delta = 105{,}39°$

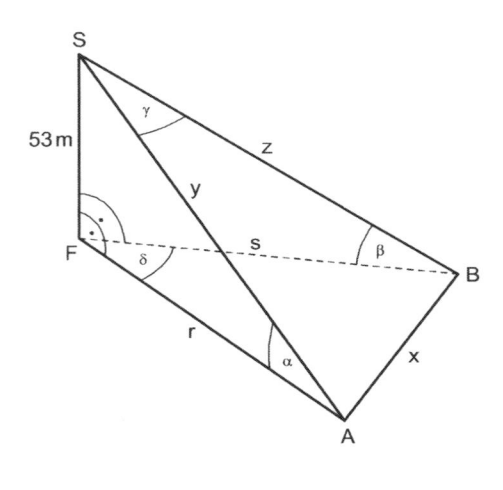

7.35 $a = 2{,}5$; $b = 9{,}4$; $c = 4{,}8$
$\alpha = 35°, \beta = 25°$

$\triangle ADE$:

$y^2 = a^2 + b^2 - 2ab\cos\alpha$

$y = \sqrt{2{,}5^2 + 9{,}4^2 - 2\cdot 2{,}5 \cdot 9{,}4 \cdot \cos 35°}$

$y = 7{,}49$ km   speichern!

Verwende den Cosinussatz.
SWS

$\dfrac{\sin\gamma}{b} = \dfrac{\sin\alpha}{y}$

$\sin\gamma = \dfrac{b\cdot\sin\alpha}{y} = \dfrac{9{,}4\cdot\sin 35°}{7{,}49}$

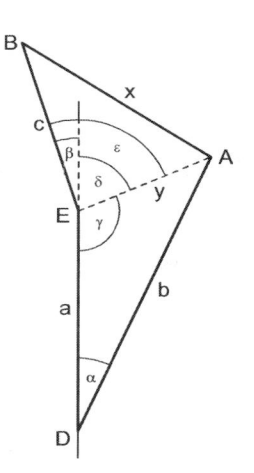

$\gamma = \arcsin\dfrac{9{,}4\cdot\sin 35°}{7{,}49}$

$\gamma = 180° - 46{,}04 = 133{,}96°$ speichern!

Verwende den Sinussatz.
SSW

$\triangle ABE$:

$\delta = 180° - \gamma = 46{,}04°$

$\varepsilon = \beta + \delta = 71{,}04°$ speichern!

$x^2 = c^2 + y^2 - 2cy\cos\varepsilon$

$x = \sqrt{4{,}8^2 + 7{,}49^2 - 2\cdot 4{,}8\cdot 7{,}49\cdot\cos 71{,}04°}$

$x = 7{,}47$ km

Verwende den Cosinussatz.
SWS

x ... Entfernung der beiden Orte

7.36 $a = 5{,}8$; $b = 9{,}4$; $c = 7{,}5$; $\alpha = 12{,}25°$

$\triangle ABC$:

$b^2 = a^2 + c^2 - 2ac\cos\beta$

$\cos\beta = \dfrac{a^2 + c^2 - b^2}{2ac}$

$\beta = \arccos\dfrac{5{,}8^2 + 7{,}5^2 - 9{,}4^2}{2\cdot 5{,}8\cdot 7{,}5}$

$\beta = 88{,}99°$ speichern!

Verwende den Cosinussatz.
SSS

$\triangle BDC$:

$\gamma = 180° - \beta = 91{,}01°$ speichern!

$\delta = 180° - (\alpha + \gamma) = 76{,}74°$ speichern!

$\dfrac{x}{\sin\delta} = \dfrac{a}{\sin\alpha}$

$x = \dfrac{a\cdot\sin\delta}{\sin\alpha} = \dfrac{5{,}8\cdot\sin 76{,}74°}{\sin 12{,}25°} = 26{,}61$ km

Verwende den Sinussatz.
SWW

x ... Entfernung des Ortes D vom Ort B

$\dfrac{y}{\sin\gamma} = \dfrac{a}{\sin\alpha}$

$y = \dfrac{a\cdot\sin\gamma}{\sin\alpha} = \dfrac{5{,}8\cdot\sin 91{,}01°}{\sin 12{,}25°} = 27{,}33$ km

y ... Entfernung des Ortes D vom Ort C.

Berechne zunächst y und z aus den entsprechenden rechtwinkeligen Dreiecken.

7.37 $h = 85; \alpha = 57,3°; \beta = 23,7°$

ΔFPS:

$\sin \alpha = \dfrac{h}{y}$

$y = \dfrac{h}{\sin \alpha} = \dfrac{85}{\sin 57,3°}$

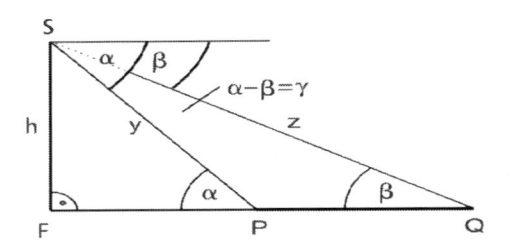

$y = 101,01\,m$ speichern!

ΔFQS:

$\sin \beta = \dfrac{h}{z}$

$z = \dfrac{h}{\sin \beta} = \dfrac{85}{\sin 23,7°} = 211,47\,m$ speichern!

Verwende den Cosinussatz. SWS

ΔPQS:

$\gamma = \alpha - \beta = 57,3° - 23,7° = 33,6°$

$x^2 = y^2 + z^2 - 2yz \cos \gamma$

$x = \sqrt{101,01^2 + 211,47^2 - 2 \cdot 101,01 \cdot 211,47 \cdot \cos 33,6°}$

$x = 139,07\,m$

7.38 $AB = 100; \varepsilon = 6,5°; \alpha = 21,4°; \beta = 35,7°$

ΔABS:

$\gamma = \beta - \alpha = 35,7° - 21,4° = 14,3°$

$\delta = \alpha - \varepsilon = 21,4° - 6,5° = 14,9°$

Verwende den Sinussatz. SWW

$\dfrac{y}{\sin \delta} = \dfrac{AB}{\sin \gamma}$

$y = \dfrac{AB \cdot \sin \delta}{\sin \gamma}$

$y = \dfrac{100 \cdot \sin 14,9°}{\sin 14,3°}$

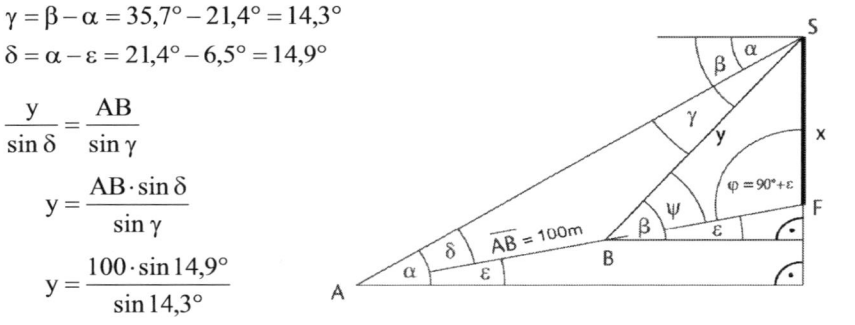

$y = 104,09\,m$ speichern!

ΔBFS:

$\psi = \beta - \varepsilon = 35,7° - 6,5° = 29,2°$

$\varphi = 90 + \varepsilon = 96,5°$

Verwende den Sinussatz. SWW

$\dfrac{x}{\sin \psi} = \dfrac{y}{\sin \varphi}$

$x = \dfrac{y \cdot \sin \psi}{\sin \varphi}$

$x = \dfrac{104,09 \cdot \sin 29,2°}{\sin 96,5°} = 51,11\,m$

8 Grenzwert und Stetigkeit reeller Funktionen

8.01 a) $|x-2| = \begin{cases} x-2 & \text{für } x > 2 \\ 0 & \text{für } x = 2 \\ 2-x & \text{für } x < 2 \end{cases}$

Damit: $f: \begin{cases} y = x-4 & \text{für } x > 2 \\ y = -2 & \text{für } x = 2 \\ y = -x & \text{für } x < 2 \end{cases}$

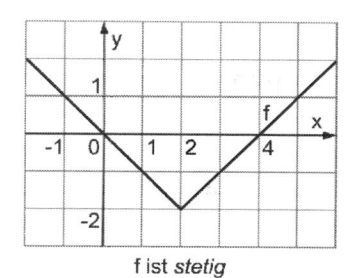

f ist *stetig*

$|x|$... Betragsfunktion, liefert den Betrag von x.
zB:
$|3| = 3$,
$|0| = 0$,
$|-3| = 3$.

b) Verwende für die linksseitige Näherung

die Folge $x_n = \left\langle 2 - \dfrac{1}{n} \right\rangle$

$\langle -x_n \rangle = \left\langle -2 + \dfrac{1}{n} \right\rangle \to -2$ für $n \to \infty$

└ Nullfolge

Verwende für die rechtsseitige Näherung

die Folge $x_n = \left\langle 2 + \dfrac{1}{n} \right\rangle$

$\langle x_n - 4 \rangle = \left\langle -2 - \dfrac{1}{n} \right\rangle \to -2$ für $n \to \infty$

└ Nullfolge

Bemerkung: Der Funktionswert $f(2) = -2$ stimmt mit dem links- und rechtsseitigen Grenzwert überein. Daher ist die Funktion an der Stelle $x = 2$ *stetig*.

8.02 a) $\text{int } x = \begin{cases} -1 & \text{für } x \in \,]{-2};{-1}] \\ 0 & \text{für } x \in \,]{-1};1[\\ 1 & \text{für } x \in [\,1;2\,[\end{cases}$

Damit: $f: \begin{cases} y = -2x & \text{für } x \in \,]{-2};{-1}] \\ y = 0 & \text{für } x \in \,]{-1};1[\\ y = 2x & \text{für } x \in [\,1;2\,[\end{cases}$

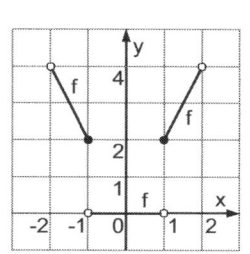

f ist *unstetig* bei x = -1 und bei x = 1

$\text{int } x$... Integerfunktion, liefert den ganzzahligen Anteil von x.
zB:
$\text{int}(-1,5) = -1$,
$\text{int } 0,5 = 0$,
$\text{int } 1,5 = 1$.

b) Verwende für die linksseitige Näherung

die Folge $x_n = \left\langle 1 - \dfrac{1}{n} \right\rangle$

$\langle 2 \cdot x_n \cdot \text{int } x_n \rangle = \langle 2 \cdot x_n \cdot 0 \rangle = \langle 0;0;0;0... \rangle \to 0$

Beachte:
$\text{int}\left(1 - \dfrac{1}{n}\right) = 0$ für $n \in \mathbb{N}^*$.

Verwende für die rechtsseitige Näherung

die Folge $x_n = \left\langle 1 + \dfrac{1}{n} \right\rangle$

$\langle 2 \cdot x_n \cdot \text{int } x_n \rangle = \langle 2 \cdot x_n \cdot 1 \rangle = \left\langle 2 + \dfrac{2}{n} \right\rangle = \left\langle 4; 3; \dfrac{8}{3}; \dfrac{5}{2}; ...; \dfrac{2002}{1000}; ... \right\rangle \to 2$

└ Nullfolge

Bemerkung: Der Funktionswert $f(1) = 2$ stimmt mit dem rechtsseitigen, aber *nicht* mit dem linksseitigen Grenzwert überein. Daher ist die Funktion unstetig an der Stelle $x = 1$. Es liegt ein *endlicher Sprung* vor!

sgn x ... Signumfunktion = Vorzeichenfunktion, liefert das Vorzeichen von x.
zB:
sgn(−2) = −1,
sgn 0 = 0,
sgn 2 = 1.

8.03 a) Wertetabelle

x	y
−3	$2 + 5 \cdot (-1) = -3$
−2	$2 + 4 \cdot (-1) = -2$
−1	$2 + 3 \cdot (-1) = -1$
0	$2 + 2 \cdot (-1) = 0$
1	$2 + 1 \cdot (-1) = 1$
2	$2 + 0 \cdot (-1) = 2$
3	$2 + (-1) \cdot 0 = 2$
4	$2 + (-2) \cdot 1 = 0$
5	$2 + (-3) \cdot 1 = -1$
6	$2 + (-4) \cdot 1 = -2$
7	$2 + (-5) \cdot 1 = -3$

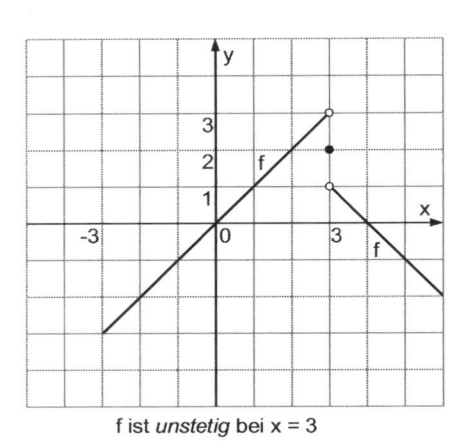

f ist *unstetig* bei x = 3

$$\operatorname{sgn}(x-3) = \begin{cases} -1 & \text{für } x < 3 \\ 0 & \text{für } x = 3 \\ 1 & \text{für } x > 3 \end{cases} \quad \text{Damit:} \quad f : \begin{cases} y = x & \text{für } x < 3 \\ y = 2 & \text{für } x = 3 \\ y = 4 - x & \text{für } x > 3 \end{cases}$$

b) Linksseitiger Grenzwert $\lim\limits_{x \to 3} f(x) = \lim\limits_{x \to 3} x = 3$

Rechtsseitiger Grenzwert $\lim\limits_{x \to 3} f(x) = \lim\limits_{x \to 3}(4-x) = 1$

Funktionswert $f(3) = 2$

Die Funktion ist unstetig, da $\lim\limits_{x \to 3} f(x) \neq f(3)$.

Es liegt ein endlicher Sprung vor.

Siehe 8.03

8.04 a) Wertetabelle

x	y
−6	$1 - (-4) \cdot (-1) = -3$
−5	$1 - (-3) \cdot (-1) = -2$
−4	$1 - (-2) \cdot (-1) = -1$
−3	$1 - (-1) \cdot (-1) = 0$
−2	$1 - 0 \cdot (-1) = 1$
−1	$1 - 1 \cdot (-1) = 2$
0	$1 - 2 \cdot (-1) = 3$
1	$1 - 3 \cdot 0 = 1$
2	$1 - 4 \cdot 1 = -3$
3	$1 - 5 \cdot 1 = -4$

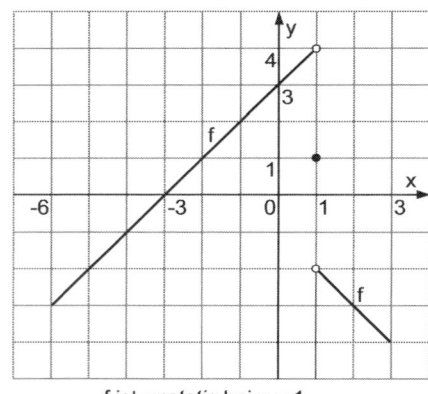

f ist *unstetig* bei x = 1

$$\operatorname{sgn}(x-1) = \begin{cases} -1 & \text{für } x < 1 \\ 0 & \text{für } x = 1 \\ 1 & \text{für } x > 1 \end{cases} \quad \text{Damit:} \quad f : \begin{cases} y = x + 3 & \text{für } x < 1 \\ y = 1 & \text{für } x = 1 \\ y = -1 - x & \text{für } x > 1 \end{cases}$$

b) Linksseitiger Grenzwert $\lim\limits_{x \to 1} f(x) = \lim\limits_{x \to 1}(x+3) = 4$

Rechtsseitiger Grenzwert $\lim\limits_{x \to 1} f(x) = \lim\limits_{x \to 1}(-1-x) = -2$

Funktionswert $f(1) = 1$

Die Funktion ist unstetig, da $\lim\limits_{x \to 1} f(x) \neq f(1)$.

Es liegt ein endlicher Sprung vor.

8.05 a) $\lim\limits_{x\to\infty}\dfrac{x^2-5x}{2-x^2}=\lim\limits_{x\to\infty}\dfrac{1-\dfrac{5}{x}}{\dfrac{2}{x^2}-1}=\dfrac{1-0}{0-1}=-1$

Dividiere Zähler und Nenner durch x^2.

b) $\lim\limits_{x\to\infty}\dfrac{2x-7}{0{,}5x^2+3x}=\lim\limits_{x\to\infty}\dfrac{\dfrac{2}{x}-\dfrac{7}{x^2}}{0{,}5+\dfrac{3}{x}}=\dfrac{0-0}{0{,}5+0}=0$

Dividiere Zähler und Nenner durch x^2.

c) $\lim\limits_{x\to\infty}\dfrac{2x^3-x^2}{2-3x+x^2}=\lim\limits_{x\to\infty}\dfrac{2-\dfrac{1}{x}}{\dfrac{2}{x^3}-\dfrac{3}{x^2}+\dfrac{1}{x}}=\dfrac{2-0}{0-0+0}=\dfrac{2}{0}=\infty$

Dividiere Zähler und Nenner durch x^3.

d) $\lim\limits_{x\to\infty}\dfrac{x+7}{x^2-49}=\lim\limits_{x\to\infty}\dfrac{x+7}{(x+7)\cdot(x-7)}=\lim\limits_{x\to\infty}\dfrac{1}{x-7}=\dfrac{1}{\infty-7}=\dfrac{1}{\infty}=0$

Zerlege den Nenner in Linearfaktoren

e) $\lim\limits_{x\to 2}\dfrac{x^3-8}{x-2}=\lim\limits_{x\to 2}\dfrac{(x-2)\cdot(x^2+2x+4)}{x-2}=\lim\limits_{x\to 2}(x^2+2x+4)=4+4+4=12$

Zerlege den Zähler in ein Produkt von Faktoren

f) $\lim\limits_{x\to 0}\dfrac{1-\cos^2 x}{\tan x}=\lim\limits_{x\to 0}\dfrac{\sin^2 x}{\tan x}=\lim\limits_{x\to 0}\dfrac{\sin^2 x}{\dfrac{\sin x}{\cos x}}=\lim\limits_{x\to 0}\dfrac{\sin^2 x\cdot\cos x}{\sin x}$

(Beachte: $\sin^2 x+\cos^2 x=1$) $=\lim\limits_{x\to 0}(\sin x\cdot\cos x)=0\cdot 1=0$

Hinweis zu a) – d)
Direktes Einsetzen von ∞ liefert den unbestimmten Ausdruck $\dfrac{\infty}{\infty}$. Nach geeigneter Umformung kann man den Grenzübergang durchführen.

Beachte dabei $\forall n\in\mathbb{N}^*$:

$\lim\limits_{x\to\infty}\dfrac{1}{x^n}=0$

$\lim\limits_{x\to 0}\dfrac{1}{x^n}=+\infty$ oder $-\infty$

Hinweis zu e), f)
Direktes Einsetzen liefert den unbestimmten Ausdruck $\dfrac{0}{0}$. Nach geeigneter Umformung kann man den Grenzübergang durchführen.

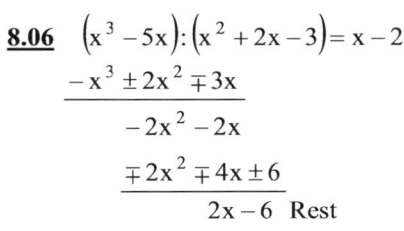

8.06 $(x^3-5x):(x^2+2x-3)=x-2$

$\underline{-x^3\pm 2x^2\mp 3x}$
$\quad -2x^2-2x$
$\quad \underline{\mp 2x^2\mp 4x\pm 6}$
$\qquad\qquad 2x-6\ \text{Rest}$

Damit: $\dfrac{x^3-5x}{x^2+2x-3}=x-2+\dfrac{2x-6}{x^2+2x-3}$

$\lim\limits_{x\to\pm\infty}\dfrac{x^3-5x}{x^2+2x-3}=\lim\limits_{x\to\pm\infty}(x-2)+\lim\limits_{x\to\pm\infty}\dfrac{2x-6}{x^2+2x-3}=\lim\limits_{x\to\pm\infty}(x-2)+0$

Und wegen $\lim\limits_{x\to\pm\infty}\left(\dfrac{x^3-5x}{x^2+2x-3}-(x-2)\right)=\lim\limits_{x\to\pm\infty}\left(\dfrac{2x-6}{x^2+2x-3}\right)=0$

ist g: $y=x-2$ asymptotische Funktion (schiefe Asymptote).

Ermittlung der senkrechten Asymptoten:
$x^2+2x-3=0$
$x_{1,2}=-1\pm\sqrt{1+3}\ \}=2 \quad\Rightarrow x_1=1;\ x_2=-3$

Die Nullstellen des Nenners sind wegen $\lim\limits_{x\to 1}f(x)=\infty$ und $\lim\limits_{x\to -3}f(x)=\infty$ Polstellen der gegebenen Funktion.

Daher sind die Geraden $g_1: x=1$ und $g_2: x=-3$ senkrechte Asymptoten.

Zerlege den Funktionsterm durch Polynomdivision.

Hinweis:
Die Funktion schmiegt sich im 3. Quadranten an ihre schiefe Asymptote an.
Im 1. Quadranten wird sie von der Asymptote geschnitten.

Berechne zunächst die Nullstellen des Nenners.

Zerlege den Funktionsterm durch Polynomdivision.	**8.07** $(x^3 + 2x - 4) : (x^2 - 2x - 3) = x + 2$ $\underline{-x^3 \mp 2x^2 \mp 3x}$ $\quad\quad 2x^2 + 5x - 4$ $\quad\quad \underline{-2x^2 \mp 4x \mp 6}$ $\quad\quad\quad\quad 9x + 2$ Rest

Damit: $\dfrac{x^3 + 2x - 4}{x^2 - 2x - 3} = x + 2 + \dfrac{9x + 2}{x^2 - 2x - 3}$

$\displaystyle\lim_{x \to \pm\infty} \dfrac{x^3 + 2x - 4}{x^2 - 2x - 3} = \lim_{x \to \pm\infty}(x+2) + \lim_{x \to \pm\infty}\dfrac{9x+2}{x^2-2x-3} = \lim_{x \to \pm\infty}(x+2) + 0$

Und wegen $\displaystyle\lim_{x \to \pm\infty}\left(\dfrac{x^3+2x-4}{x^2-2x-3} - (x+2)\right) = \lim_{x \to \pm\infty}\left(\dfrac{9x+2}{x^2-2x-3}\right) = 0$

ist g: y = x + 2 asymptotische Funktion (schiefe Asymptote).

Ermittlung der senkrechten Asymptoten:

$x^2 - 2x - 3 = 0$

$\left.x_{1,2} = 1 \pm \sqrt{1+3}\,\right\} = 2 \quad \Rightarrow x_1 = 3; x_2 = -1$

Berechne zunächst die Nullstellen des Nenners.	Die Nullstellen des Nenners sind wegen $\displaystyle\lim_{x \to 3} f(x) = \infty$ und $\displaystyle\lim_{x \to -1} f(x) = \infty$ Polstellen der gegebenen Funktion.

Daher sind die Geraden $g_1 : x = 3$ und $g_2 : x = -1$ senkrechte Asymptoten.

Berechne zunächst die Nullstellen des Nenners. Zähler- und Nennerpolynom in Faktoren zerlegen.	**8.08** a) $x^2 - 4 = 0 \Rightarrow x_1 = 2$ und $x_2 = -2$ sind die Definitionslücken. (1) Für $x \neq 2$ gilt: $y = f(x) = \dfrac{x^2 - 4x + 4}{x^2 - 4} = \dfrac{(x-2)^2}{(x-2)\cdot(x+2)} = \dfrac{x-2}{x+2}$ Die Stelle x = 2 ist eine hebbare Unstetigkeitsstelle. Sie lässt sich wegen $\displaystyle\lim_{x \to 2} f(x) = 0$ durch die Zusatzdefinition f(2) = 0 stetig schließen. Die „neue" Funktion $g : y = \dfrac{x-2}{x+2}$ ist die stetige Fortsetzung von f auf x = 2. (2) Die Stelle x = -2 ist wegen $\displaystyle\lim_{x \to -2} f(x) = \dfrac{-4}{0} = \infty$ eine Polstelle. Die Gerade $g_1 : x = -2$ ist senkrechte Asymptote. b) Graph (3) Wegen $\displaystyle\lim_{x \to \infty} f(x) = 1$ ist die Gerade $g_2 : y = 1$ eine waagrechte Asymptote.

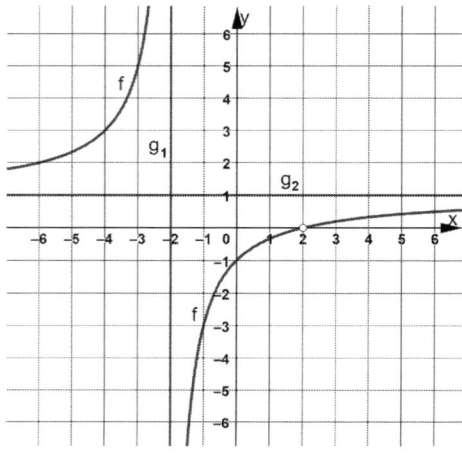

8.09 a) $x^2 - 4 = 0 \Rightarrow x_1 = 2$ und $x_2 = -2$ sind die Definitionslücken.

(1) Für $x \neq -2$ gilt: $y = f(x) = \dfrac{x^2 + 4x + 4}{x^2 - 4} = \dfrac{(x+2)^2}{(x-2)\cdot(x+2)} = \dfrac{x+2}{x-2}$

Die Stelle $x = -2$ ist eine hebbare Unstetigkeitsstelle. Sie lässt sich wegen $\lim\limits_{x \to -2} f(x) = 0$ durch die Zusatzdefinition $f(-2) = 0$ stetig schließen. Die „neue" Funktion $g: y = \dfrac{x+2}{x-2}$ ist die stetige Fortsetzung von f auf $x = -2$.

(2) Die Stelle $x = 2$ ist wegen $\lim\limits_{x \to 2} f(x) = \dfrac{4}{0} = \infty$ eine Polstelle.

Die Gerade $g_1: x = 2$ ist senkrechte Asymptote.

b) Graph

(3) Wegen $\lim\limits_{x \to \infty} f(x) = 1$ ist die Gerade $g_2: y = 1$ eine waagrechte Asymptote.

Nenner = 0 setzen. Rein quadratische Gleichung lösen.

Zähler- und Nennerpolynom in Faktoren zerlegen.

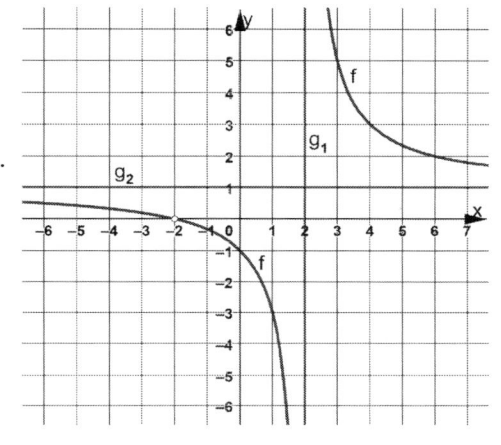

8.10 a) $x^2 + x - 6 = 0 \Rightarrow x_1 = 2$ und $x_2 = -3$ sind die Definitionslücken.

(1) Für $x \neq 2$ gilt: $y = f(x) = \dfrac{2x^2 - 3x - 2}{x^2 + x - 6} = \dfrac{2\cdot(x-2)\cdot(x+\frac{1}{2})}{(x-2)\cdot(x+3)} = \dfrac{2x+1}{x+3}$

Die Stelle $x = 2$ ist eine hebbare Unstetigkeitsstelle. Sie lässt sich wegen $\lim\limits_{x \to 2} f(x) = 1$ durch die Zusatzdefinition $f(2) = 1$ stetig schließen. Die „neue" Funktion $g: y = \dfrac{2x+1}{x+3}$ ist die stetige Fortsetzung von f auf $x = 2$.

(2) Die Stelle $x = -3$ ist wegen $\lim\limits_{x \to -3} f(x) = \dfrac{-5}{0} = \infty$ eine Polstelle.

Die Gerade $g_1: x = -3$ ist senkrechte Asymptote.

b) Graph

(3) Wegen $\lim\limits_{x \to \infty} f(x) = 2$ ist die Gerade $g_2: y = 2$ eine waagrechte Asymptote.

Nenner = 0 setzen. Quadratische Gleichung lösen.

Zähler- und Nennerpolynom in Faktoren zerlegen.

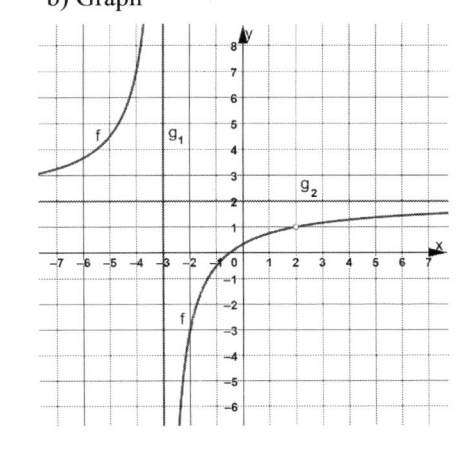

Nenner = 0 setzen. Quadratische Gleichung lösen.

Zähler- und Nennerpolynom in Faktoren zerlegen.

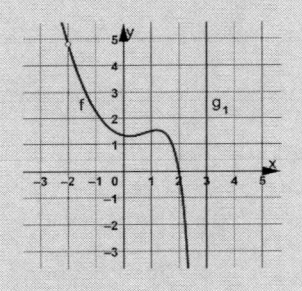

8.11 a) $x^2 - x - 6 = 0 \Rightarrow x_1 = 3$ und $x_2 = -2$ sind die Definitionslücken.

(1) Für $x \neq -2$ gilt: $y = f(x) = \dfrac{x^4 - 2x^2 - 8}{x^2 - x - 6} = \dfrac{(x^2 - 4) \cdot (x^2 + 2)}{(x - 3) \cdot (x + 2)} =$

$= \dfrac{(x - 2) \cdot (x + 2) \cdot (x^2 + 2)}{(x - 3) \cdot (x + 2)} = \dfrac{(x - 2) \cdot (x^2 + 2)}{(x - 3)}$

Die Stelle $x = -2$ ist eine hebbare Unstetigkeitsstelle. Sie lässt sich wegen $\lim\limits_{x \to -2} f(x) = \dfrac{24}{5}$ durch die Zusatzdefinition $f(-2) = \dfrac{24}{5}$ stetig schließen.

„Neue" Funktion $g : y = \dfrac{(x - 2) \cdot (x^2 + 2)}{(x - 3)}$ (stetige Forts. von f auf $x = -2$).

(2) Die Stelle $x = 3$ ist wegen $\lim\limits_{x \to 3} f(x) = \dfrac{11}{0} = \infty$ eine Polstelle.

Die Gerade $g_1 : x = 3$ ist senkrechte Asymptote.

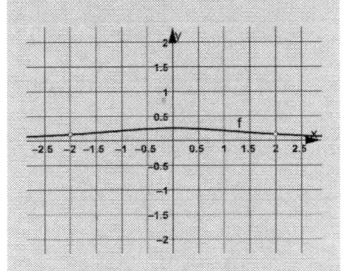

b) $x^4 - 16 = 0 \Rightarrow x_1 = -2$ und $x_2 = 2$ sind die Definitionslücken.

Für $x \neq \pm 2$ gilt: $y = f(x) = \dfrac{(x^2 - 4)}{(x^2 - 4) \cdot (x^2 + 4)} = \dfrac{1}{(x^2 + 4)}$

Die Stellen $x = \pm 2$ sind hebbare Unstetigkeitsstellen. Sie lassen sich wegen $\lim\limits_{x \to \pm 2} f(x) = \dfrac{1}{8}$ durch die Zusatzdefinition $f(\pm 2) = \dfrac{1}{8}$ stetig schließen.

„Neue" Funktion $g : y = \dfrac{1}{x^2 + 4}$ (stetige Fortsetzung von f auf $x = \pm 2$).

Nenner = 0 setzen. Quadratische Gleichung lösen.

8.12 a) $2x - x^2 = x \cdot (2 - x) = 0 \Rightarrow x_1 = 0$ und $x_2 = 2$ sind die Definitionslücken.

$D_f = \mathbb{R} \setminus \{0, 2\}$

b) Die Stelle $x = 0$ ist eine hebbare Unstetigkeitsstelle. Sie lässt sich wegen $\lim\limits_{x \to 0} f(x) = 2$ durch die Zusatzdefinition $f(0) = 2$ stetig schließen.

Die Stelle $x = 2$ ist eine hebbare Unstetigkeitsstelle. Sie lässt sich wegen $\lim\limits_{x \to 2} f(x) = 0$ durch die Zusatzdefinition $f(2) = 0$ stetig schließen.

Stetige Fortsetzung von f:

(1) $\bar{f} : \begin{cases} y = \dfrac{x^3 - 4x^2 + 4x}{2x - x^2} & \text{für } x \neq 0, x \neq 2 \\ y = 2 \text{ für } x = 0 \\ y = 0 \text{ für } x = 2 \end{cases}$

c) Graph

Zähler- und Nennerpolynom in Faktoren zerlegen.

(2) $\bar{f} : y = \dfrac{x^3 - 4x^2 + 4x}{2x - x^2} =$

$= \dfrac{x \cdot (x^2 - 4x + 4)}{x \cdot (2 - x)} = \dfrac{(x - 2)^2}{-(x - 2)} =$

$= -(x - 2) = 2 - x$

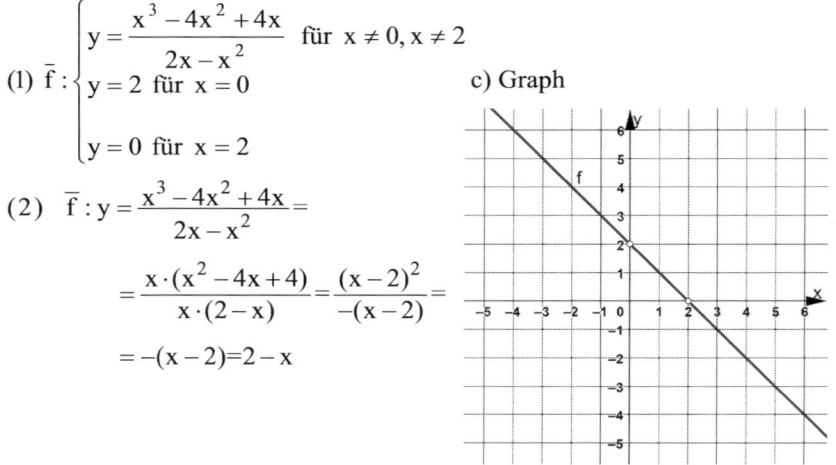

9 Kurvenuntersuchungen mittels Differentialrechnung

9.01 1) $D_f = \mathbb{R}$, in ganz $\mathbb{R}$ stetig. (Gilt für jede Polynomfunktion).

2) Nullstellen: $f(x) = 0$ setzen.
$$x^3 - x^2 - 16x + 16 = 0$$
$x_1 = 1$ ist wegen $1^3 - 1^2 - 16 \cdot 1 + 16 = 0$ eine (ganzzahlige) Lösung.
Wurzelfaktor $(x-1)$ abspalten:

$$(x^3 - x^2 - 16x + 16) : (x-1) = x^2 - 16 \qquad x^2 - 16 = 0$$
$$\underline{\pm x^3 \mp x^2} \qquad\qquad\qquad\qquad\qquad\qquad x_{2,3} = \pm 4$$
$$\qquad 0 \quad -16x + 16$$
$$\qquad\qquad \underline{\mp 16x \pm 16}$$
$$\qquad\qquad\qquad 0 \text{ Rest} \qquad\qquad N_1(1/0), N_2(4/0), N_3(-4/0)$$

3) Ableitungen:
$$f'(x) = \frac{1}{10} \cdot (3x^2 - 2x - 16)$$
$$f''(x) = \frac{1}{10} \cdot (6x - 2)$$

4) Extrempunkte: $f'(x) = 0$ setzen.
$$3x^2 - 2x - 16 = 0$$
$$x_{1,2} = \frac{2 \pm \sqrt{4 + 192}}{6} = \frac{2 \pm 14}{6}$$
$$x_1 = \frac{8}{3}; y_1 = f\left(\frac{8}{3}\right) = \frac{1}{10} \cdot \left[\left(\frac{8}{3}\right)^3 - \left(\frac{8}{3}\right)^2 - 16 \cdot \frac{8}{3} + 16\right] \approx -1{,}48$$
$$x_2 = -2; y_2 = f(-2) = \frac{1}{10} \cdot \left[(-2)^3 - (-2)^2 - 16 \cdot (-2) + 16\right] = 3{,}6$$

5) Art des Extremums: Vorzeichen der 2. Ableitung ermitteln.
$$f''\left(\frac{8}{3}\right) = \frac{1}{10} \cdot \left[6 \cdot \frac{8}{3} - 2\right] = 1{,}4 > 0 \Rightarrow T\left(\frac{8}{3} \middle/ -1{,}48\right)$$
$$f''(-2) = \frac{1}{10} \cdot \left[6 \cdot (-2) - 2\right] = -1{,}4 < 0 \Rightarrow H(-2/3{,}6)$$

6) Wendepunkt: $f''(x) = 0$ setzen.
$$6x - 2 = 0$$
$$x = \frac{1}{3}; y = f\left(\frac{1}{3}\right) = 1{,}06 \qquad W\left(\frac{1}{3} \middle/ 1{,}06\right)$$

7) Keine Asymptoten.

8) Wertetabelle, Graph.

x	y
-5	-5,4
-4	0
-3	2,8
-2	3,6
-1	3
0	1,6
1	0
2	-1,2
3	-1,4
4	0
5	3,6

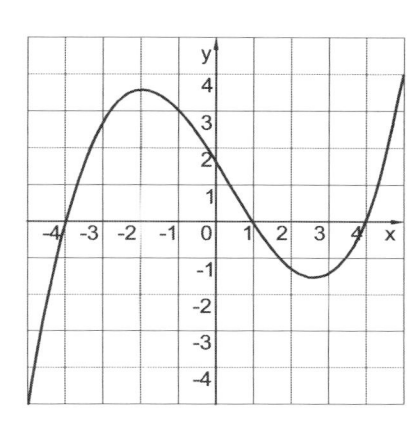

Eine Gleichung 3. Grades ist zu lösen.
Durch Probieren ergibt sich die Lösung $x = 1$.
Durch Abspalten erhält man eine quadratische Gleichung, deren Lösungen zwei weitere Nullstellen liefern.

Polynomfunktionen werden gliedweise abgeleitet.

Da die Polynomfunktionen aus einer *Summe von Potenzfunktionen* bestehen, werden die Ableitungen durch mehrmalige Anwendung der

Potenzregel $\quad y = x^n$
$\qquad\qquad\qquad y' = n \cdot x^{n-1}$

ermittelt.

Die Lösungen der quadratischen Gleichung sind die x-Werte der Extrempunkte.

Die zugehörigen y-Werte erhält man durch Einsetzen der x-Werte in die gegebene Funktionsgleichung.

Setze die x-Werte der Extrempunkte in die 2. Ableitung ein und beachte das Vorzeichen.

Die Lösung der linearen Gleichung ist der x-Wert des Wendepunktes. Den zugehörigen y-Wert erhält man durch Einsetzen des x-Wertes in die gegebene Funktionsgleichung.

<u>Bemerkung</u>:
Die Berechnung der Nullstellen und der Funktionswerte kann auch mit dem HORNER-Schema erfolgen. Siehe Aufgabe 9.03a).

Siehe **9.01**

Zusatz:

(9) Monotonieverhalten:

$f' = -\frac{3}{10}(x+1) \cdot \left(x + \frac{17}{3}\right)$

	f'	f
$x < -\frac{17}{3}$	< 0	↘
$x = -\frac{17}{3}$	= 0	T
$-\frac{17}{3} < x < -1$	> 0	↗
$x = -1$	= 0	H
$x > -1$	< 0	↘

Die Extrempunkte zerlegen den Graphen von f in ein streng monoton steigendes (↗) und in zwei streng monoton fallende (↘) Stücke.

(10) Krümmungsverhalten:

$f'' = -\frac{1}{5}(3x + 10)$

	f''	f
$x < -\frac{10}{3}$	> 0	↶
$x = -\frac{10}{3}$	= 0	W
$x > -\frac{10}{3}$	< 0	↷

Der Wendepunkt zerlegt den Graphen in ein positiv (↶) und ein negativ (↷) gekrümmtes Stück.

(11) Symmetrieeigenschaften:
Der Graph ist symmetrisch bezüglich des Wendepunktes.
(Gilt für jede Polynomfunktion 3. Grades).

(12) Periodizität:
Es besteht keine Periodizität.

9.02 1) $D_f = \mathbb{R}$, in ganz $\mathbb{R}$ stetig.

2) Nullstellen: f(x) = 0 setzen.

$x^3 + 10x^2 + 17x - 28 = 0$

x = 1 ist wegen $1^3 + 10 \cdot 1^2 + 17 \cdot 1 - 28 = 0$ eine (ganzzahlige) Lösung.
Wurzelfaktor (x − 1) abspalten:

$(x^3 + 10x^2 + 17x - 28) : (x - 1) = x^2 + 11x + 28 = 0$ setzen
$\pm x^3 \mp x^2$
$\overline{ 11x^2 + 17x}$ $\qquad x_{2,3} = -5{,}5 \pm \sqrt{30{,}25 - 28}$
$\pm 11x^2 \mp 11x$ $\qquad\qquad = -5{,}5 \pm 1{,}5$
$\overline{ 28x - 28}$ $\qquad x_2 = -4$
$\pm 28x \mp 28$ $\qquad\qquad x_3 = -7$
$\overline{ 0 \text{ Rest}}$ $\qquad N_1(1/0), N_2(-4/0), N_3(-7/0)$

3) Ableitungen:

$f'(x) = -\frac{1}{10} \cdot (3x^2 + 20x + 17)$

$f''(x) = -\frac{1}{10} \cdot (6x + 20) = -\frac{1}{5} \cdot (3x + 10)$

4) Extrempunkte: f'(x) = 0 setzen.

$3x^2 + 20x + 17 = 0$

$x_{1,2} = \frac{-20 \pm \sqrt{400 - 204}}{6} = \frac{-20 \pm 14}{6}$

$x_1 = -1;\ y_2 = f(-1) = -\frac{1}{10} \cdot \left[(-1)^3 + 10 \cdot (-1)^2 + 17 \cdot (-1) - 28\right] = 3{,}6$

$x_2 = -\frac{17}{3};\ y_1 = f\left(-\frac{17}{3}\right) = -\frac{1}{10} \cdot \left[\left(-\frac{17}{3}\right)^3 + 10 \cdot \left(-\frac{17}{3}\right)^2 + 17 \cdot \left(-\frac{17}{3}\right) - 28\right] \approx -1{,}48$

5) Art des Extremums: Vorzeichen der 2. Ableitung ermitteln.

$f''(-1) = -\frac{1}{10} \cdot [6 \cdot (-1) + 20] = -1{,}4 < 0 \Rightarrow H(-1/3{,}6)$

$f''\left(-\frac{17}{3}\right) = -\frac{1}{10} \cdot \left[6 \cdot \left(-\frac{17}{3}\right) + 20\right] = 1{,}4 > 0 \Rightarrow T\left(-\frac{17}{3}/-1{,}48\right)$

6) Wendepunkt: f''(x) = 0 setzen.

$3x + 10 = 0$

$x = -\frac{10}{3};\ y = f\left(-\frac{10}{3}\right) = 1{,}06$

$W\left(-\frac{10}{3}/1{,}06\right)$

7) Keine Asymptoten

8) Wertetabelle, Graph.

x	y
-8	3,6
-7	0
-6	-1,4
-5	-1,2
-4	0
-3	1,6
-2	3
-1	3,6
0	2,8
1	0
2	-5,4

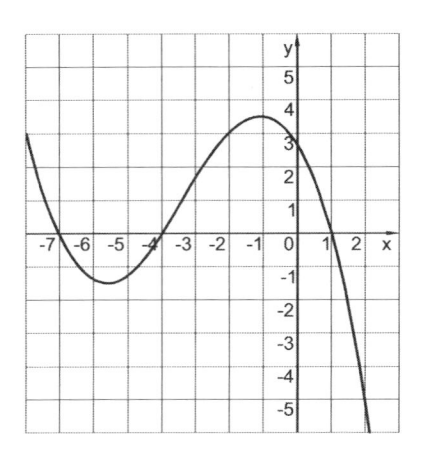

9 Kurvenuntersuchungen mittels Differentialrechnung

9.03 a) Ausführliche Lösung:

(1) Nullstellen: Die algebraische Gleichung $-3x^3 - 9x^2 + 6 = 0$ ist zu lösen. Verwende das HORNER-Schema:

a_i \ x_i	-3	-9	0	6
-1	-3	$-6^{1)}$	$6^{2)}$	$0^{3)}$
-2	-3	-3	6	-6
-3	-3	0	0	6
0	-3	-9	0	6
1	-3	-12	-12	-6

$-3x^2 - 6x + 6 = 0 \,|\,:(-3)$
$x^2 + 2x - 2 = 0$
$x_{2,3} = -1 \pm \sqrt{1+2}$
$x_2 = -1 + \sqrt{3} \approx 0{,}73$
$x_3 = -1 - \sqrt{3} \approx -2{,}73$
$N_1(-1/0), N_2(0{,}73/0), N_3(-2{,}73/0)$

(2) Ableitungen, Extremwerte:

$f'(x) = -9x^2 - 18x$
$f''(x) = -18x - 18$

Extremwerte: $f'(x) = 0$ setzen.

$-9x^2 - 18x = 0$
$-9x \cdot (x+2) = 0$

$x_1 = 0; y_1 = f(0) = 6$
$x_2 = -2; y_2 = f(-2) = -6$, siehe HORNER-Schema

Art des Extremums: Vorzeichen der 2.Ableitung ermitteln.

$f''(0) = -18 < 0 \Rightarrow H(0/6)$
$f''(-2) = -18 + 36 = 18 > 0 \Rightarrow T(-2/-6)$

(3) Wendepunkt: $f''(x) = 0$ setzen.

$-18x - 18 = 0$
$x = -1; y = f(-1) = 0$ siehe HORNER-Schema
$W(-1/0)$

(4) Wendetangente: $t_W : y = kx + d$

$k = f'(-1) = -9 \cdot (-1)^2 - 18 \cdot (-1) = -9 + 18 = 9$
$y = kx + d$
$0 = 9 \cdot (-1) + d \Rightarrow d = 9$
$t_W : y = 9x + 9$

(5) Graph:

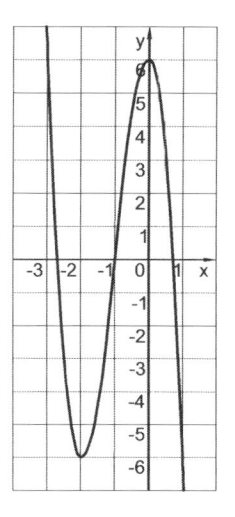

Hinweise zum HORNER-Schema:

(1) In der ersten Zeile stehen die Koeffizienten der algebraischen Gleichung.

(2) Berechnungen:
1) $-1 \cdot (-3) + (-9) = -6$
2) $-1 \cdot (-6) + 0 = 6$
3) $-1 \cdot (6) + 6 = 0$

(3) Die fettgedruckten Ziffern sind die Koeffizienten einer quadratischen Gleichung. Falls Lösungen in $\mathbb{R}$ existieren, handelt es sich um weitere Nullstellen.

Zur Berechnung von d setze k und den Wendepunkt in die Gleichung $y = kx + d$ ein.

Zur Berechnung einzelner Punkte des Graphen verwende das HORNER-Schema.

Ausführliche Lösung, siehe Aufgabe **9.03a)**.

9.03 b)

(1) Nullstellen:
$N_1(-2/0), N_2(1/0)^{(2)}$

(2) Ableitungen, Extremwerte:
$f'(x) = -6x^2 + 6$
$f''(x) = -12x$

Extremwerte:
$T(-1/-8)$
$H(1/0)$

(3) Wendepunkt
$W(0/-4)$

(4) Wendetangente:
$f'(0) = 6; t_W : y = 6x - 4$

(5) Graph

Ausführliche Lösung, siehe Aufgabe **9.03a)**.

9.03 c)

(1) Nullstellen:
$N_1(1/0)^{(2)}, N_2(4/0)$

(2) Ableitungen, Extremwerte:
$f'(x) = -3x^2 + 12x - 9$
$f''(x) = -6x + 12$

Extremwerte:
$T(1/0)$
$H(3/4)$

(3) Wendepunkt
$W(2/2)$

(4) Wendetangente:
$f'(2) = 3; t_W : y = 3x - 4$

(5) Graph

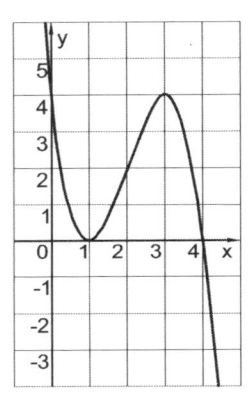

Ausführliche Lösung, siehe Aufgabe **9.03a)**.

9.03 d)

(1) Nullstellen:
$N_1(-2/0), N_2(0,31/0), N_3(3,19/0)$

(2) Ableitungen, Extremwerte:
$f'(x) = 3x^2 - 3x - 6$
$f''(x) = 6x - 3$

Extremwerte:
$T(2/-8)$
$H(-1/5,5)$

(3) Wendepunkt
$W\left(\frac{1}{2}/-\frac{5}{4}\right)$

(4) Wendetangente:
$f'\left(\frac{1}{2}\right) = -\frac{27}{4}; t_W : y = -\frac{27}{4}x + \frac{17}{8}$

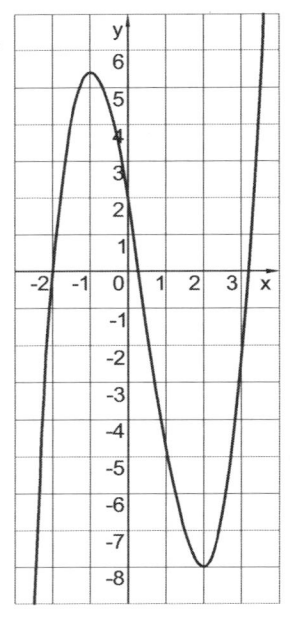

(5) Graph

9.03 e)

(1) Nullstellen:
$N_1(-1{,}73/0)$
$N_2(0/0)$
$N_3(1{,}73/0)$

(2) Ableitungen, Extremwerte:
$f'(x) = 6x^2 - 6$
$f''(x) = 12x$

Extremwerte:
$H(-1/4)$
$T(1/-4)$

(3) Wendepunkt
$W(0/0)$

(4) Wendetangente:
$f'(0) = -6;\ t_W : y = -6x$

(5) Graph

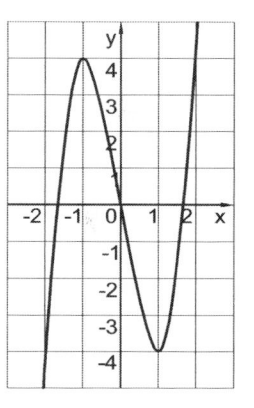

Ausführliche Lösung, siehe Aufgabe **9.03a)**.

9.03 f)

(1) Nullstellen:
$N_1(-0{,}73/0)$
$N_2(1/0)$
$N_3(2{,}73/0)$

(2) Ableitungen, Extremwerte:
$f'(x) = 9x^2 - 18x$
$f''(x) = 18x - 18$

Extremwerte:
$H(0/6)$
$T(2/-6)$

(3) Wendepunkt
$W(1/0)$

(4) Wendetangente:
$f'(1) = -9;\ t_W : y = -9x + 9$

(5) Graph

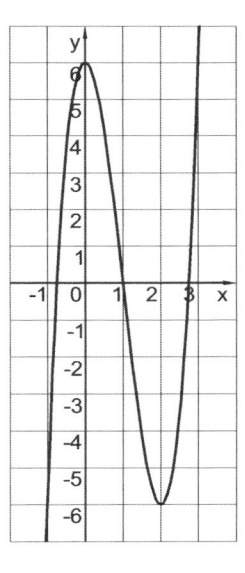

Ausführliche Lösung, siehe Aufgabe **9.03a)**.

9 Kurvenuntersuchungen mittels Differentialrechnung

Potenzfunktionsregel verwenden.

Aus den gegebenen Bedingungen wird ein lineares Gleichungssystem aufgestellt.

9.04 (1) Funktion und Ableitungen:
$$f(x) = ax^3 + bx^2 + cx + d$$
$$f'(x) = 3ax^2 + 2bx + c$$
$$f''(x) = 6ax + 2b$$

Punkt E liegt auf dem Graphen: $f(1) = 4 \Leftrightarrow a + b + c + d = 4$
E ist Extrempunkt: $f'(1) = 0 \Leftrightarrow 3a + 2b + c = 0$
Punkt W liegt auf dem Graphen: $f(0) = 2 \Leftrightarrow d = 2$
W ist Wendepunkt: $f''(0) = 0 \Leftrightarrow 2b = 0 \Rightarrow b = 0$

Man erhält schließlich ein lineares Gleichungssystem mit 2 Gleichungen und den zwei Unbekannten a und c:

Gleichungssystem lösen.

$a + c = 2$
$3a + c = 0$
$\overline{2a = -2} \Rightarrow a = -1$
$c = 2 - a = 2 - (-1) = 3$

Koeffizienten in die allgemeine Funktionsgleichung einsetzen.

Funktionsgleichung: $y = f(x) = -x^3 + 3x + 2$

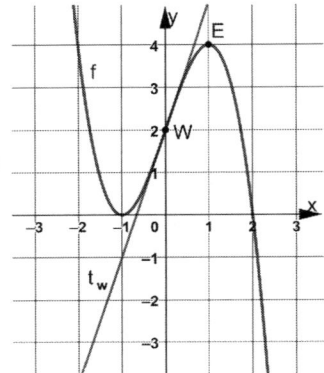

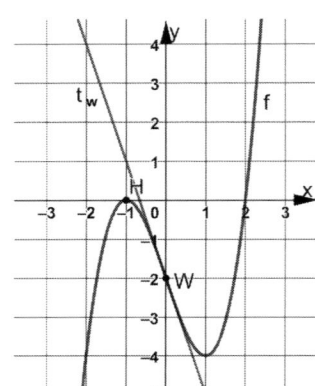

(2) Wendetangente: $t_W : y = kx + d$
$f'(x) = -3x^2 + 3; k = f'(0) = 3$
$y = kx + d$

Zur Berechnung von d setze k und den Wendepunkt in die Gleichung $y = kx + d$ ein.

$2 = 3 \cdot 0 + d \Rightarrow d = 2$
$t_W : y = 3x + 2$

Siehe **9.04**

9.05 (1) Funktion und Ableitungen:
$$f(x) = ax^3 + bx^2 + cx + d$$
$$f'(x) = 3ax^2 + 2bx + c$$
$$f''(x) = 6ax + 2b$$

Punkt H liegt auf dem Graphen: $f(-1) = 0 \Leftrightarrow -a + b - c + d = 0$
H ist Extrempunkt: $f'(-1) = 0 \Leftrightarrow 3a - 2b + c = 0$
Punkt W liegt auf dem Graphen: $f(0) = -2 \Leftrightarrow d = -2$
W ist Wendepunkt: $f''(0) = 0 \Leftrightarrow 2b = 0 \Rightarrow b = 0$

Man erhält schließlich ein lineares Gleichungssystem mit 2 Gleichungen und den zwei Unbekannten a und c:

$-a - c = 2$
$3a + c = 0$
$\overline{2a = 2} \Rightarrow a = 1$
$c = -3a = -3$

Funktionsgleichung: $y = f(x) = x^3 - 3x - 2$

(2) Wendetangente: $t_W : y = kx + d$
$f'(x) = 3x^2 - 3; k = f'(0) = -3$
$y = kx + d$
$-2 = -3 \cdot 0 + d \Rightarrow d = -2$
$t_W : y = -3x - 2$

9 Kurvenuntersuchungen mittels Differentialrechnung

9.06 **(1)** Funktion und Ableitungen:

$$f(x) = ax^3 + bx^2 + cx + d$$

$$f'(x) = 3ax^2 + 2bx + c$$

$$f''(x) = 6ax + 2b$$

Punkt P liegt auf dem Graphen: $f(2) = -1 \Leftrightarrow 8a + 4b + 2c + d = -1$

W liegt auf dem Graphen: $f(1) = -2 \Leftrightarrow a + b + c + d = -2$

W ist Wendepunkt: $f''(1) = 0 \Leftrightarrow 6a + 2b = 0$

Steigung der Wendetangente: $f'(1) = -1 \Leftrightarrow 3a + 2b + c = -1$

Aus den gegebenen Bedingungen wird ein lineares Gleichungssystem aufgestellt.

$8a + 4b + 2c + d = -1 \,|\cdot 1$

$a + b + c + d = -2 \,|\cdot(-1)$

Eliminiere d.

$7a + 3b + c = 1 \,|\cdot 1$

$3a + 2b + c = -1 \,|\cdot(-1)$

Eliminiere c.

Man erhält schließlich ein lineares Gleichungssystem mit 2 Gleichungen und den zwei Unbekannten a und b:

$4a + b = 2 \,|\cdot(-2)$

$6a + 2b = 0 \,|\cdot 1$

Eliminiere b.

$2a = 4$

$a = 2$

$b = 2 - 4a = 2 - 8 = -6$

$c = 1 - 3b - 7a = 1 + 18 - 14 = 5$

$d = -2 - a - b - c = -2 - 2 + 6 - 5 = -3$

Funktionsgleichung: $y = f(x) = 2x^3 - 6x^2 + 5x - 3$

Koeffizienten einsetzen.

(2) $f'(x) = 6x^2 - 12x + 5 = 0$

$6x^2 - 12x + 5 = 0$

$x_{1,2} = \dfrac{12 \pm \sqrt{144 - 120}}{12} = \dfrac{12 \pm \sqrt{24}}{12}$

$x_1 \approx 1{,}41 \quad y_1 = f(1{,}41) \approx -2{,}27$

$x_2 \approx 0{,}59 \quad y_2 = f(0{,}59) \approx -1{,}73$

1. Ableitung = 0 setzen.

Art des Extremums:

$f''(x) = 12x - 12$

$f''(1{,}41) = 4{,}92 > 0 \Rightarrow T(1{,}41 / -2{,}27)$

$f''(0{,}59) = -4{,}92 < 0 \Rightarrow H(0{,}59 / -1{,}73)$

Vorzeichen der 2. Ableitung ermitteln.

Siehe Aufgabe **9.06**.

9.07 **(1)** Funktion und Ableitungen:

$$f(x) = ax^3 + bx^2 + cx + d$$

$$f'(x) = 3ax^2 + 2bx + c$$

$$f''(x) = 6ax + 2b$$

Punkt P liegt auf dem Graphen: $f(2) = 3 \Leftrightarrow 8a + 4b + 2c + d = 3$

W liegt auf dem Graphen: $f(0) = 1 \Leftrightarrow d = 1$

W ist Wendepunkt: $f''(0) = 0 \Leftrightarrow 2b = 0 \Rightarrow b = 0$

Steigung im Punkt P: $f'(2) = 9 \Leftrightarrow 12a + 4b + c = 9$

Man erhält schließlich ein lineares Gleichungssystem mit 2 Gleichungen und den zwei Unbekannten a und b:

$$8a + 2c = 2 \,|\, \cdot(-1)$$
$$12a + c = 9 \,|\, \cdot 2$$
$$\overline{16a = 16}$$
$$a = 1$$

$c = 9 - 12a = 9 - 12 = -3$

Funktionsgleichung:
$y = f(x) = x^3 - 3x + 1$

(2) $f'(x) = 3x^2 - 3 = 0$

$3x^2 - 3 = 0$

$x^2 = 1$

$x_1 = 1 \quad y_1 = f(1) = -1$

$x_2 = -1 \quad y_2 = f(-1) = 3$

Art des Extremums:

$f''(x) = 6x$

$f''(1) = 6 > 0 \Rightarrow T(1/-1)$

$f''(-1) = -6 < 0 \Rightarrow H(-1/3)$

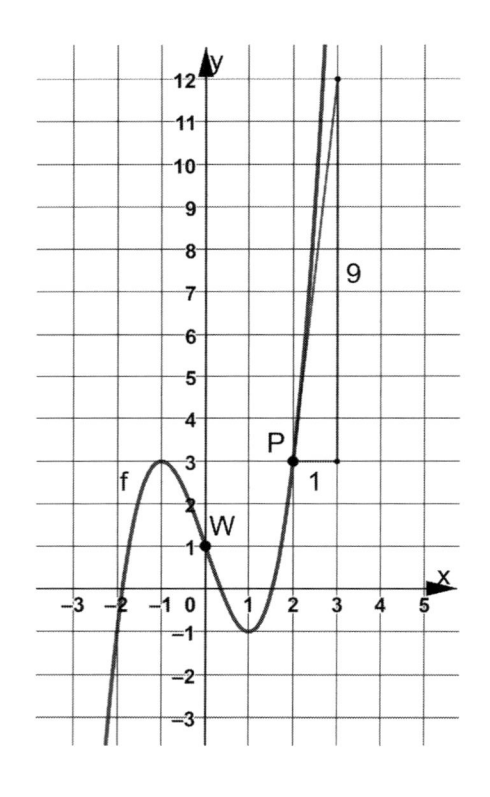

Siehe Aufgabe **9.07**

9.08 **(1)** Funktion und Ableitungen:

$$f(x) = x^3 + ax^2 + bx + c$$

$$f'(x) = 3x^2 + 2ax + b$$

$$f''(x) = 6x + 2a$$

Punkt O liegt auf dem Graphen: $f(0) = 0 \Leftrightarrow c = 0$

Wendepunkt W an der Stelle 1: $f''(1) = 0 \Leftrightarrow 6 + 2a = 0 \Rightarrow a = -3$

Steigung der Tangente in W: $f'(1) = 0 \Leftrightarrow 3 + 2a + b = 0$

9.08 Aus der 3. Gleichung folgt:

$3 + 2 \cdot (-3) + b = 0 \Rightarrow b = 3$

Funktionsgleichung:

$y = f(x) = x^3 - 3x^2 + 3x$

(2) $f'(x) = 3x^2 - 6x + 3$

$t_O : y = kx; k = f'(0) = 3$

$t_O : y = 3x$

$t_W : y = kx + d; k = f'(1) = 0;$

$y_W = f(1) = 1 - 3 + 3 = 1;$ also $W(1/1)$

$1 = 0 \cdot 1 + d \Rightarrow d = 1$

$t_W : y = 1$

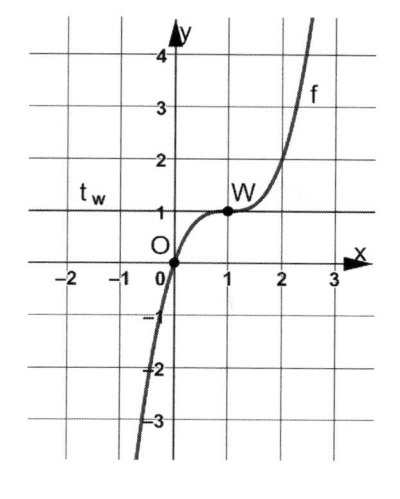

Bilde die erste Ableitung.

Berechne die Steigungen der Tangenten aus der 1. Ableitung.

9.09 a) Funktion und Ableitungen:

$f(x) = x^3 + ax^2 + bx + c$

$f'(x) = 3x^2 + 2ax + b$

$f''(x) = 6x + 2a$

$f'''(x) = 6$

Da die dritte Ableitung $\neq 0$ ist, existiert ein Wendepunkt.
Berechnung seiner Koordinaten:

$f''(x) = 6x + 2a = 0$

$x = -\dfrac{a}{3}; \; y = f\left(-\dfrac{a}{3}\right) = -\dfrac{a^3}{27} + \dfrac{a^3}{9} - \dfrac{ab}{3} + c = \dfrac{2a^3}{27} - \dfrac{ab}{3} + c$

b) $f'(x) = 0$

$3x^2 + 2ax + b = 0$

$x_{1,2} = \dfrac{-2a \pm \sqrt{4a^2 - 12b}}{6}$

$4a^2 - 12b > 0$

$4a^2 > 12b$

$a^2 > 3b \Leftrightarrow b < \dfrac{a^2}{3}$

Die quadratische Gleichung hat genau dann zwei reelle Lösungen, wenn die Diskriminante $D = 4a^2 - 12b > 0$ ist.

c) Setze z.B. $a = 3$.

$b < \dfrac{a^2}{3}$

$b < 3$ z.B. $b = 2$

$y = f(x) = x^3 + 3x^2 + 2x + c$

Punkt P einsetzen:

$7 = (-2)^3 + 3 \cdot (-2)^2 + 2 \cdot (-2) + c$

$7 = -8 + 12 - 4 + c$

$c = 7$

Werte für a und b einsetzen.

Funktionsgleichung: $y = f(x) = x^3 + 3x^2 + 2x + 7$

Wert für c einsetzen.

9.10 a) Graphische Darstellung:

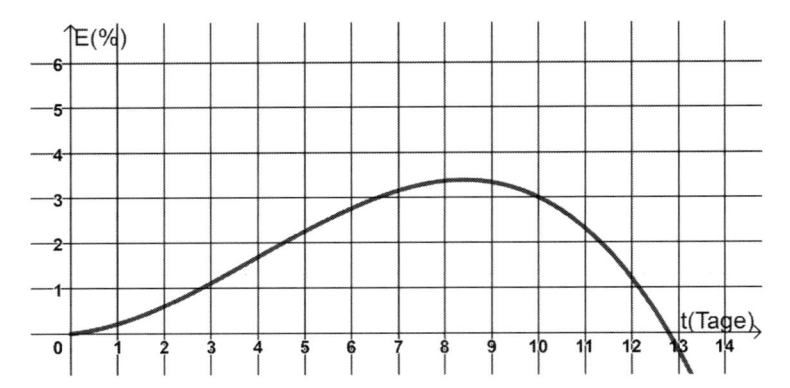

b) Ableitungen:
$E'(t) = -3 \cdot 0,01t^2 + 2 \cdot 0,12t + 0,1 = -0,03t^2 + 0,24t + 0,1$
$E''(t) = -6 \cdot 0,01t + 2 \cdot 0,12 = -0,06t + 0,24$
$E'''(t) = -0,06$

Die prozentuelle Zunahme ist im Wendepunkt am stärksten.
Hinreichende Bedingungen sind: $E''(t) = 0$ und $E'''(t) \neq 0$
$-0,06t + 0,24 = 0 \Rightarrow t = \frac{0,24}{0,06} = 4$

Nach 4 Tagen ändert sich die prozentuelle Zunahme am stärksten!

Potenzregel anwenden.

c) Die prozentuelle Zunahme ist im Hochpunkt am größten.
Hinreichende Bedingungen sind: $E'(t) = 0$ und $E''(t) < 0$
$-0,03t^2 + 0,24t + 0,1 = 0$
$0,03t^2 - 0,24t - 0,1 = 0$

$t_{1,2} = \frac{0,24 \pm \sqrt{0,24^2 + 4 \cdot 0,03 \cdot 0,1}}{0,06} =$

$= \frac{0,24 \pm 0,26}{0,06}$

$t_1 = \frac{0,24 + 0,26}{0,06} \approx 8,33$; ($t_2 \approx -0,33$, ohne Bedeutung!)

$E''(t_1) \approx -0,06 \cdot 8,33 + 0,24 \approx -0,26 < 0$ ist erfüllt!
Nach etwas mehr als 8 Tagen ist die prozentuelle Zunahme am größten!
Wegen $E(8,33) = -0,01 \cdot 8,33^3 + 0,12 \cdot 8,33^2 + 0,1 \cdot 8,33 \approx 3,38$ beträgt sie ca 3,4%.

t herausheben und den Produkt-Null-Satz anwenden.

d) Die Gleichung $E(t) = -0,01t^3 + 0,13t^2 + 0,1t = 0$ ist zu lösen!
Von den Lösungen $t_1 \approx 12,78, t_2 \approx -0,78$ und $t_3 = 0$ ist nur t_1 relevant.
Nach ca 13 Tagen gibt es praktisch keine Neuerkrankungen?

9 Kurvenuntersuchungen mittels Differentialrechnung

9.11 a) Graphische Darstellung:

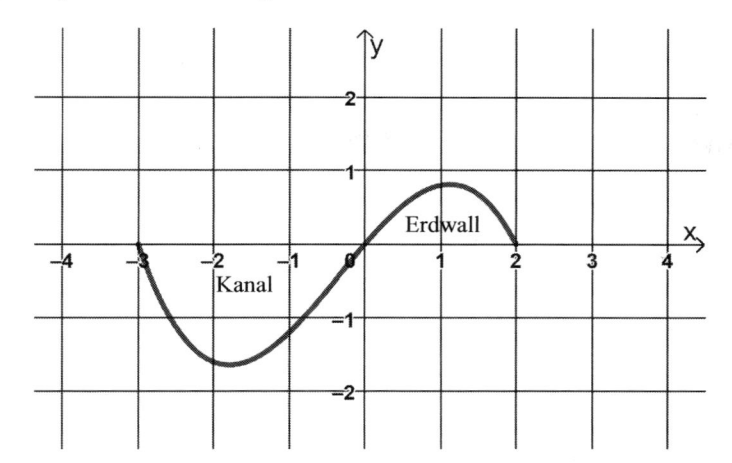

b) Nullstellenberechnung

$6x - x^2 - x^3 = 0$
$x(6 - x - x^2) = 0$
$x_1 = 0$
$6 - x - x^2 = 0$
$x^2 + x - 6 = 0$
$x_{2,3} = -\frac{1}{2} \pm \sqrt{\frac{1}{4} + 6} = -\frac{1}{2} \pm \frac{5}{2}$
$x_2 = 2$
$x_3 = -3$

Der Kanal ist 30m, der Erdwall ist 20m breit.

x herausheben und den Produkt-Null-Satz anwenden.

c) Ableitungen:

$f'(x) = 6 - 2x - 3x^2$
$f''(x) = -2 - 6x$
$f'''(t) = -6$

Der Tiefpunkt ist gesucht.
Hinreichende Bedingungen sind: $f'(x) = 0$ und $f''(x) > 0$

$6 - 2x - 3x^2 = 0$
$3x^2 + 2x - 6 = 0$

$x_{1,2} = \frac{-2 \pm \sqrt{4 + 72}}{6} = \frac{-2 \pm 8,72}{6}$

$x_1 = \frac{-2 + 8,72}{6} \approx 1,12; f''(1,12) < 0 \Rightarrow$ Hochpunkt

$x_2 = \frac{-2 - 8,72}{6} \approx -1,79; f''(-1,79) > 0 \Rightarrow$ Tiefpunkt

Tiefe: $f(-1,79) \approx -1,64$

Der Kanal ist an der tiefsten Stelle ca 16,4m tief. Die Stelle liegt ca 17,9m vom rechten Ufer entfernt.

Potenzregel anwenden.

d) Die höchste Erhebung des Erdwalls befindet sich ca 11,2m vom rechten Ufer des Kanals entfernt.

Hier handelt es sich um eine Umkehraufgabe. (Siehe Seite 28).

9.12 a)
$$f(x) = ax^3 + bx^2 + cx + d$$
$$f'(x) = 3ax^2 + 2bx + c$$
$$f''(x) = 6ax + 2b$$

Bei $x = 0$ und $x = 3$ sind Extremstellen.
Die Polynomfunktion geht durch den Punkt P(3/0).
Die Polynomfunktion besitzt im Wendepunkt die größte Steigung.
Diese berechnet sich aus dem Steigungswinkel von 45° (bzw. 135°) und beträgt $\tan 135° = -1$.
Für die Wendestelle gilt $f''(x_W) = 6ax_W + 2b = 0 \Rightarrow x_W = -\frac{b}{3a}$
Die zugehörigen Bestimmungsgleichungen lauten also:

Die 1. Gleichung liefert den Wert $c = 0$.

$$f'(0) = 0 \Rightarrow c = 0$$
$$f'(3) = 0 \Rightarrow 27a + 6b = 0$$
$$f(3) = 0 \Rightarrow 27a + 9b + d = 0$$
$$f'(x_W) = -1 \Rightarrow 3a \cdot \frac{b^2}{9a^2} + 2b \cdot \left(-\frac{b}{3a}\right) = -1 \Leftrightarrow \frac{b^2}{3a} - 2\frac{b^2}{3a} = -1 \Leftrightarrow \frac{b^2}{3a} = 1$$

Aus der 2. und 4. Gleichung wird a und b berechnet.

$$\begin{array}{c} 27a + 6b = 0 \\ \frac{b^2}{3a} = 1 \end{array} \Leftrightarrow \begin{array}{c} 27a + 6b = 0 \\ 3a = b^2 \end{array} \Rightarrow 9b^2 + 6b = 0 \Rightarrow b = -\frac{2}{3}$$

Den Wert für d erhält man aus der 3. Gleichung.

$$3a = b^2 \Rightarrow a = \frac{b^2}{3} = \frac{4}{27}, \quad d = -27a - 9b = -4 - 9 \cdot \left(-\frac{2}{3}\right) = -4 + 6 = 2$$

Damit: $f(x) = ax^3 + bx^2 + cx + d = \frac{4}{27}x^3 - \frac{2}{3}x^2 + 2$

b) Graph

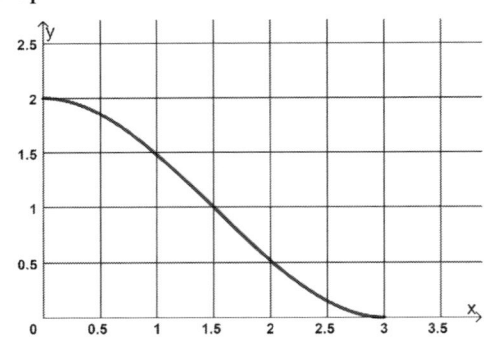

c) Höhe der Rutsche = $f(0) = 2$ m

d) Steilste Stelle bei $x_W = -\frac{b}{3a} = -\frac{-\frac{2}{3}}{\frac{4}{9}} = \frac{3}{2} = 1{,}5$ m

Überblick über die wichtigsten Funktionen

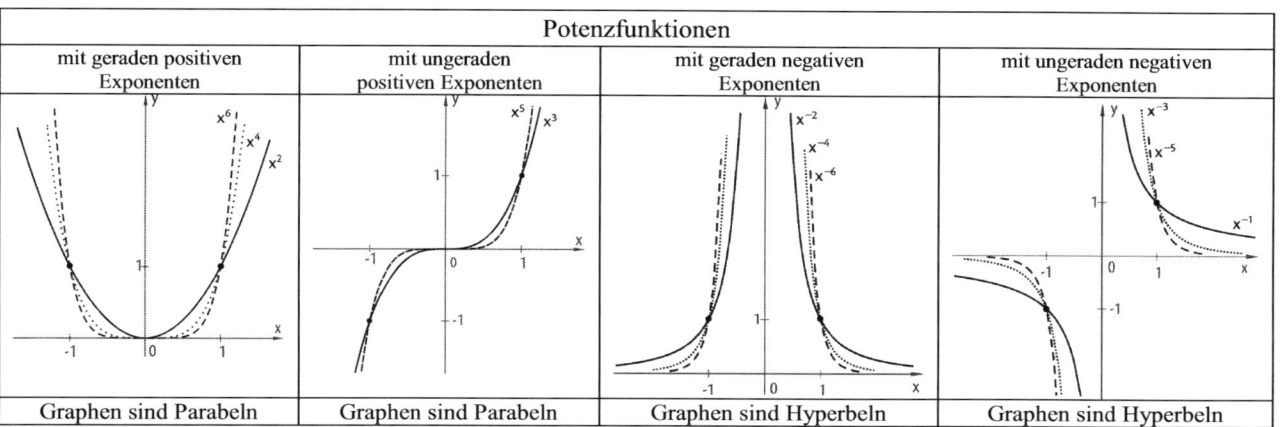

Lineare Funktion	Rein quadratische Funktionen	Allgemeine quadrat. Funktion
	$y = x^2$; $y = \dfrac{x^2}{4}$; $y = -\dfrac{x^2}{2}$	$y = x^2 - 2x - 3$

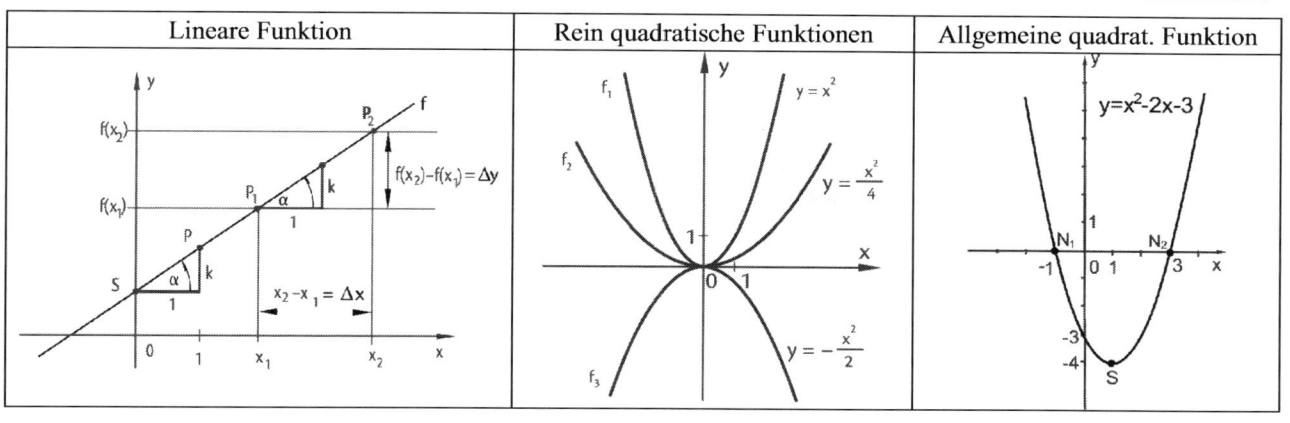

Potenzfunktionen

mit geraden positiven Exponenten	mit ungeraden positiven Exponenten	mit geraden negativen Exponenten	mit ungeraden negativen Exponenten
x^2, x^4, x^6	x^3, x^5	x^{-2}, x^{-4}, x^{-6}	x^{-1}, x^{-3}, x^{-5}
Graphen sind Parabeln	Graphen sind Parabeln	Graphen sind Hyperbeln	Graphen sind Hyperbeln

Wurzelfunktionen	Exponentialfunktionen, Basis $b > 1$	Exponentialfunktionen, Basis $0 < b < 1$
$\sqrt{x}$, $\sqrt[3]{x}$, $\sqrt[4]{x}$; x^2 1. Mediane	$y = e^x$; $y = 10^x$; $y = 2^x$	$y = \left(\dfrac{1}{e}\right)^x$; $y = \left(\dfrac{1}{10}\right)^x$; $y = \left(\dfrac{1}{2}\right)^x$

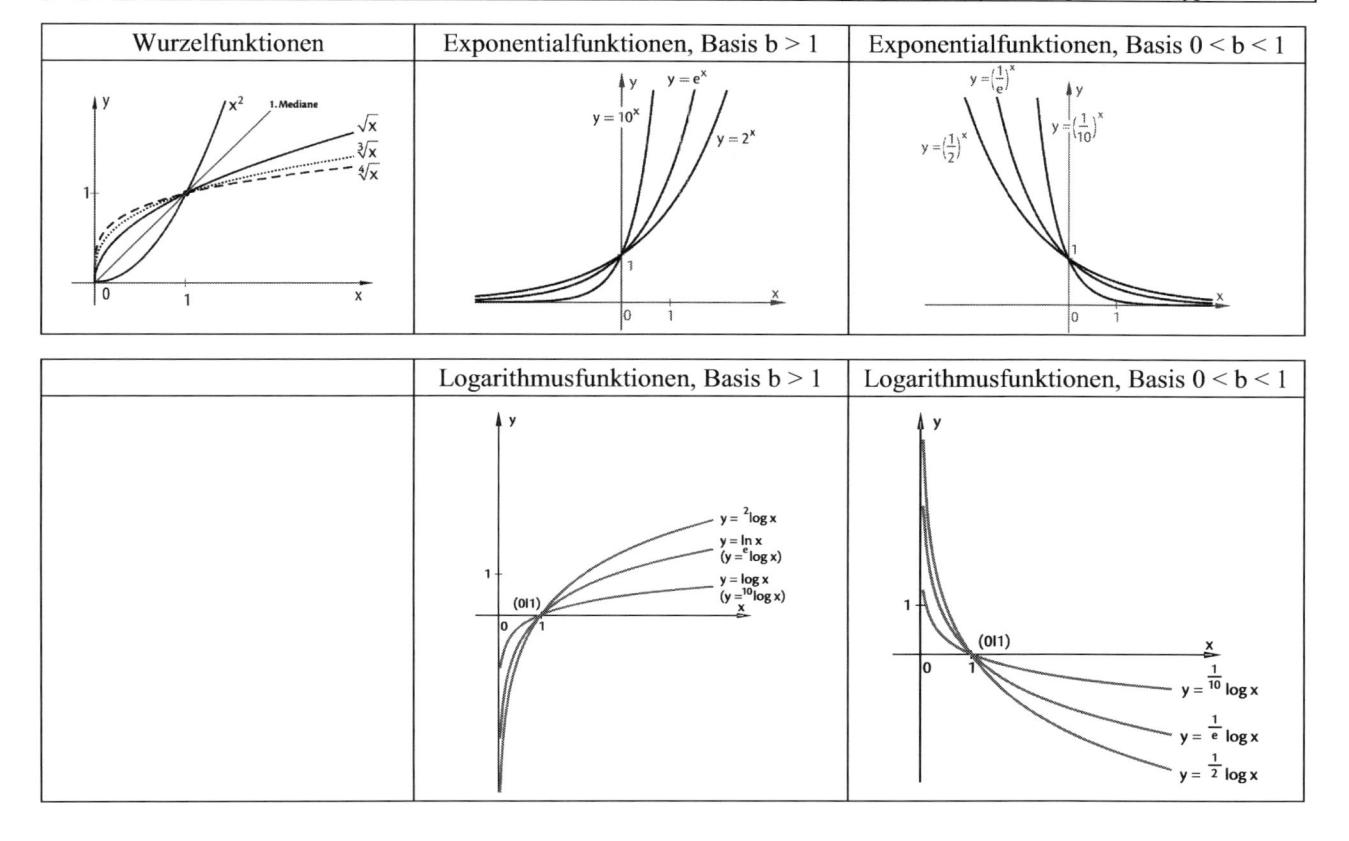

	Logarithmusfunktionen, Basis $b > 1$	Logarithmusfunktionen, Basis $0 < b < 1$
	$y = {}^2\log x$; $y = \ln x$ ($y = {}^e\log x$); $y = \log x$ ($y = {}^{10}\log x$)	$y = {}^{\frac{1}{10}}\log x$; $y = {}^{\frac{1}{e}}\log x$; $y = {}^{\frac{1}{2}}\log x$

Sinusfunktion	Cosinusfunktion
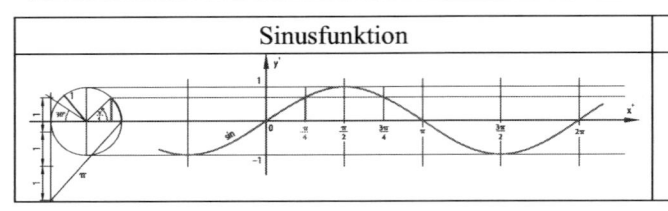	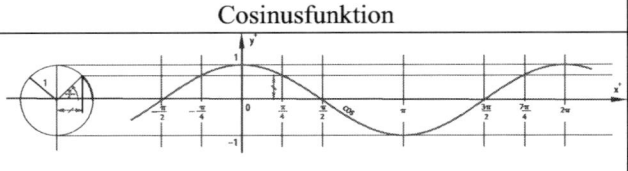

Tangensfunktion	Cotangensfunktion
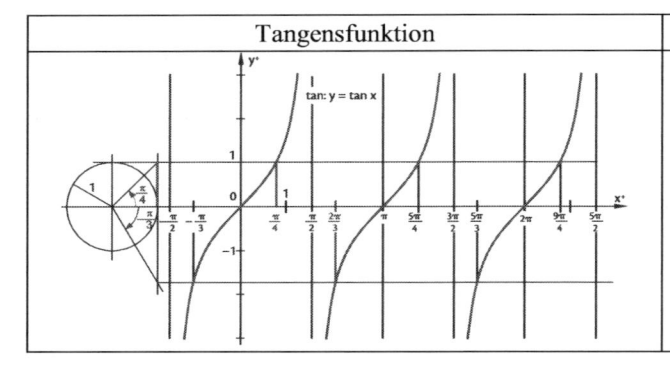 tan: y = tan x	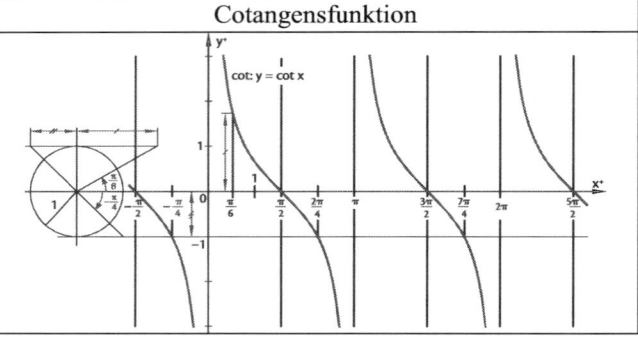 cot: y = cot x

Polynomfunktionen
Polynomfunktionen 2. Grads: $f: y = ax^2 + bx + c$

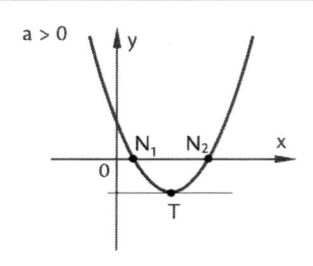

$a > 0$

2 Nullstellen,
1 Extremstelle(Scheitel = Tiefpunkt T),
kein Wendepunkt.

$a < 0$

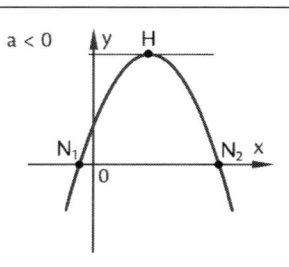

2 Nullstellen,
1 Extremstelle(Scheitel = Hochpunkt H),
kein Wendepunkt.

Spezielle Lagen

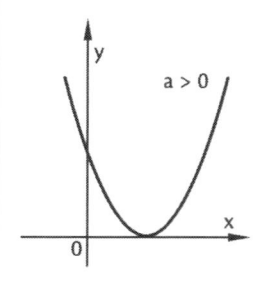

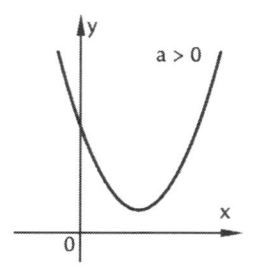

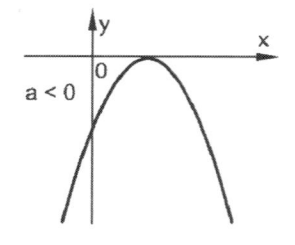

$a > 0$

1 Nullstelle,
1 Extremstelle
(Tiefpunkt),
kein Wendepunkt.

$a > 0$

keine Nullstelle
1 Extremstelle
(Tiefpunkt),
kein Wendepunkt.

Spezielle Lagen

$a < 0$

1 Nullstelle,
1 Extremstelle
(Hochpunkt),
kein Wendepunkt.

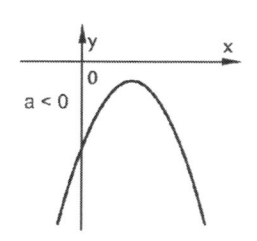

$a < 0$

keine Nullstelle,
1 Extremstelle
(Hochpunkt),
kein Wendepunkt.

Überblick über die wichtigsten Funktionen

Polynomfunktionen 3. Grads: $f: y = ax^3 + bx^2 + cx + d$
Grundtypen (jeweils 3 Nullstellen, 2 Extremstellen, 1 Wendepunkt)

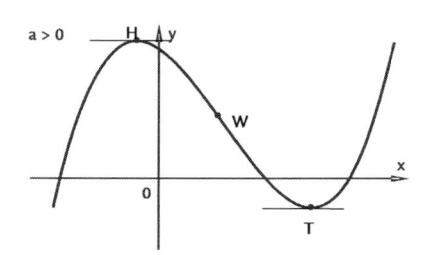

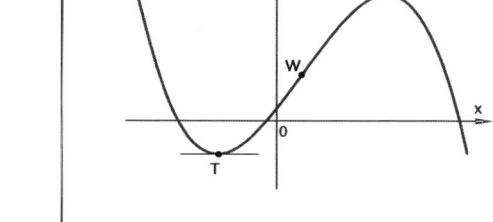

Spezielle Lagen

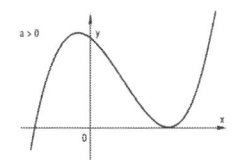

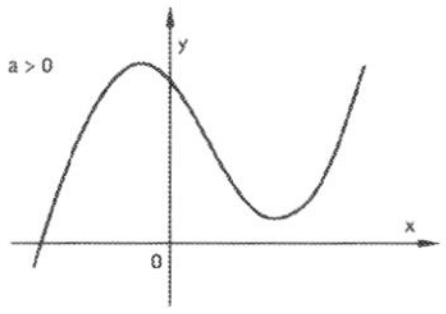

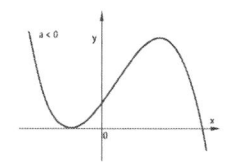

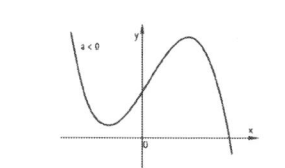

2 Nullstellen, davon eine doppelt zu zählen. 2 Extremstellen, 1 Wendepunkt.	1 Nullstelle	2 Nullstellen, davon eine doppelt zu zählen. 2 Extremstellen, 1 Wendepunkt.	1 Nullstelle

Sonderformen (jeweils 1 Nullstelle, *keine* Extrempunkte, 1 Wendepunkt)

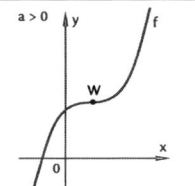

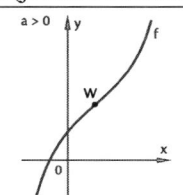

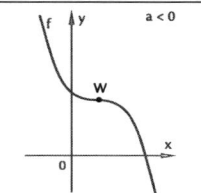

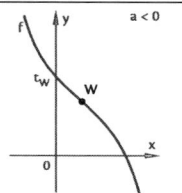

Polynomfunktionen 4. Grads: $f: y = ax^4 + bx^3 + cx^2 + dx + e$
Grundtypen (jeweils 2 Nullstellen, 3 Extrempunkte, 2 Wendepunkte)

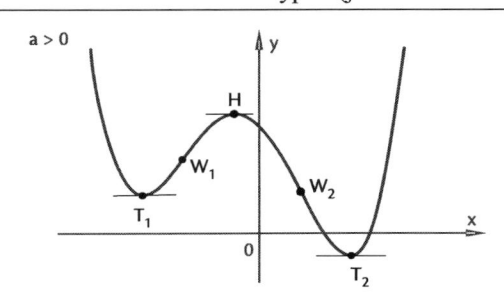

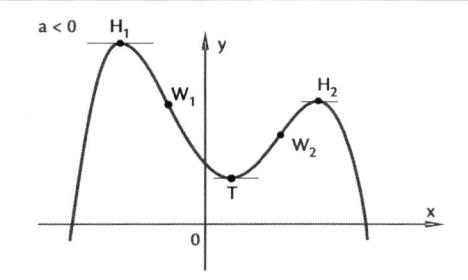

Sonderformen

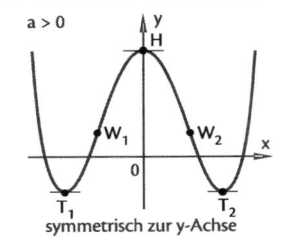

symmetrisch zur y-Achse	
4 Nullstellen, 3 Extremstellen, 2 Wendepunkte.	2 Nullstellen, 1 Extremstelle, 2 Wendepunkte.

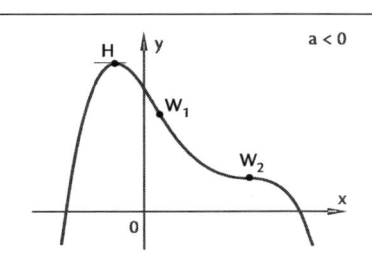

Printed in Poland
by Amazon Fulfillment
Poland Sp. z o.o., Wrocław